S. Anirudhan
R. G. Rejith
M. Sundararajan

Natureza da ocorrência de águas subterrâneas em terrenos de rocha dura: Kerala, Índia

S. Anirudhan
R. G. Rejith
M. Sundararajan

Natureza da ocorrência de águas subterrâneas em terrenos de rocha dura: Kerala, Índia

ScienciaScripts

Cover image: www.ingimage.com

This book is a translation from the original published under ISBN 978-620-2-06071-4.

Publisher:
Sciencia Scripts
is a trademark of
Dodo Books Indian Ocean Ltd. and OmniScriptum S.R.L publishing group

120 High Road, East Finchley, London, N2 9ED, United Kingdom
Str. Armeneasca 28/1, office 1, Chisinau MD-2012, Republic of Moldova, Europe
Printed at: see last page
ISBN: 978-620-7-98307-0

RECONHECIMENTO

O primeiro autor está grato à Kerala State Science Technology and Environment, Govt. of Kerala, por ter disponibilizado fundos para a realização deste trabalho de projeto. Estamos gratos a Sri Vinod, P.G., GeoVin solution, Thiruvananthapuram, por ter efectuado parcialmente as soluções SIG para este trabalho. Além disso, agradecemos a Sri K. Mohankumar, Diretor Executivo, AGES, por fornecer toda a assistência infraestrutural e apoio moral a este projeto.

ÍNDICE DE CONTEÚDOS

CAPÍTULO 1

INTRODUÇÃO

Não há vida sem água. Os habitantes de Kerala apercebem-se deste facto nos meses de verão. A Terra é o único planeta até agora conhecido por ter água, o que a torna apta para a vida humana. Devido à utilização imprudente, ao aumento da procura e ao fenómeno do aquecimento global, o mundo de hoje enfrenta uma crise de água. Atualmente, a maioria das pessoas já se apercebeu da importância de conservar e manter os recursos hídricos. É um facto bem conhecido que uma boa água é tão importante como os alimentos para a sobrevivência do ser humano nesta terra.

A Índia é abençoada com uma precipitação abundante, bem distribuída ao longo de 5-6 meses por ano. A precipitação média anual no país é de 1170 mm, com uma grande variação entre 100 mm nas zonas desérticas do Rajastão e 10000 mm em Cherapunji. O total de água doce disponível no país é de 4000 mil milhões de m^3 por ano. Deste total, mais de 1047 mil milhões de m^3 perdem-se devido à evaporação, transpiração e escoamento, reduzindo a água disponível para 1953 mil milhões de m^3 e a água utilizável para 1123 mil milhões de m^3 . É preocupante notar que apenas 18% da água da chuva é utilizada eficazmente, enquanto 48% entra no rio e a maior parte chega ao oceano. Do total de água utilizável, 728 mil milhões de m^3 provêm de águas superficiais e 395 mil milhões de m^3 provêm de águas subterrâneas renováveis. Face ao abastecimento acima referido, a água consumida durante o ano de 2006 na Índia foi de 829 mil milhões de m^3 , sendo provável que aumente para 1093 mil milhões de m^3 em 2025 e para 1047 mil milhões de m^3 em 2050, segundo as estimativas do Governo da Índia (2009). Dado que o potencial de aumento do volume de utilização da água é de apenas 5-10%, a Índia está condenada a enfrentar uma grave escassez de água num futuro próximo.

Kerala recebe a maior precipitação entre os Estados indianos. No entanto, muitas partes do país sofrem de stress hídrico durante os meses de verão. O aumento da população e os assentamentos em locais inadequados contribuíram em grande medida para a crise da água. A topografia desfavorável e as condições geológicas do Estado podem ser consideradas como a razão válida para a crise da água no verão ou se a monção falhar. Além disso, a escassez de água potável na zona costeira é outro problema que o Estado enfrenta. Assim, duas importantes zonas fisiográficas do país, as terras altas e a planície costeira, estão a enfrentar problemas de escassez de água. No centro e em partes das terras altas, muitas pessoas consideram a parte do vale como a fonte fiável de água subterrânea.

Nesta perspetiva, foi realizado um trabalho de projeto com o apoio financeiro da Ciência e Tecnologia do Estado de Kerala para conhecer a natureza do estado das águas subterrâneas em Kerala, que goza de um clima tropical e é ocupado por rochas cristalinas duras de idade pré-cambriana. Para este estudo, foi selecionada uma bacia hidrográfica, o rio Vamanapuram, na parte sul de Kerala.

1.1 Métodos

Para a preparação de mapas geológicos, de solos e de utilização das terras, é utilizada a imagem LISS -III (Fig.1).

A Figura 2 ilustra o mapa da área de estudo.

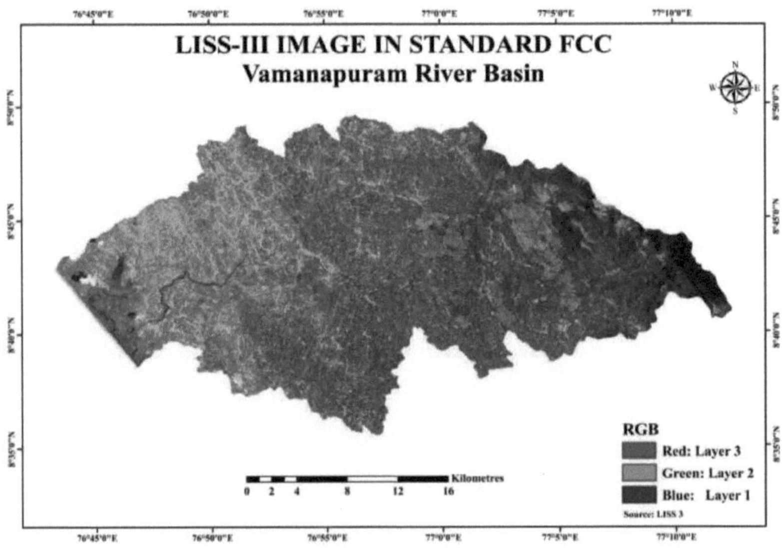

Fig. 1 Imagem LISS III

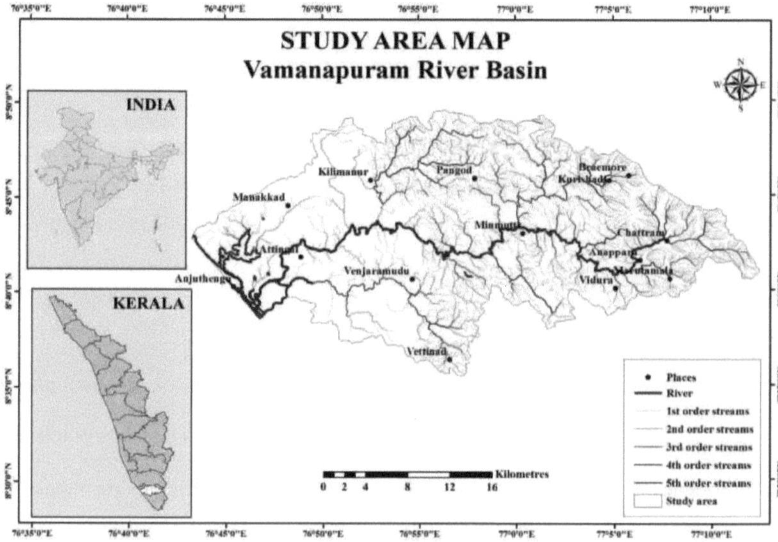

Fig. 2 Mapa da área de estudo

1.2 Fisiografia da bacia hidrográfica do rio Vamanapuram (VRB)

O Serviço Geológico da Índia (2005) considerou a divisão fisiográfica do Estado em quatro domínios, de este a oeste, nomeadamente os Ghats Ocidentais, o sopé, a zona intermédia e as terras baixas costeiras (Rajanand Anil Kumar 2005).

Ghats Ocidentais

As cadeias montanhosas dos Ghats Ocidentais elevam-se a uma altitude superior a 2500 m acima do nível do mar e a crista das cadeias marca a fronteira interestatal na maioria dos locais. Uma brecha na continuidade da cordilheira marca o Palghat Gap, com uma deslocação sinistral de 50 km entre as cristas deslocadas. O planalto de Wyanad e o planalto de Munnar (10^0 57'00 "N: 77^0 31'00 "E) situam-se nesta zona.

Colinas

O sopé dos Ghats Ocidentais compreende a área rochosa de 200 a 600 m acima do nível do mar. Trata-se de uma zona de transição entre as terras altas e as terras médias.

Midland

Forma-se assim uma área de topografia suavemente ondulada, com colinas e montes. A cobertura de laterite é uma caraterística comummente notada no topo destes montes. As colinas baixas e planas que formam o planalto laterítico variam em altitude de 30-200m e são observadas entre a planície costeira e os contrafortes. Esta parte pode ainda ser classificada como terras médias baixas (30-100m) e terras médias altas (100-200m).

Terras baixas costeiras

As terras baixas costeiras são identificadas com planícies aluviais, extensões arenosas, plataformas abrasivas, cristas de praia, praias elevadas, lagoas e estuários. As terras baixas e as planícies situam-se geralmente a menos de 10 m acima do nível do mar. A bacia hidrográfica do rio Vamanapuram (VRB) engloba todas as quatro zonas fisiográficas de Kerala acima referidas, pelo que pode ser considerada como uma pequena fatia cortada de Este para Oeste, desde o ghat ocidental até à linha costeira (Fig.3).

1.3 Geologia

Geologicamente, a área é ocupada por rochas cristalinas pré-cambrianas, nomeadamente, khondalite e charnockites. Os khondalitos são essencialmente gnaisses de biotite garnetifera com grafite. São as rochas metassedimentares mais antigas, típicas da parte sul de Kerala. Existem manchas de charnokites nas exposições de khonadalites. As charnockites são mineralogicamente um pouco diferentes das khondalites. São granitos ou gneisses com hiperstênio e texturas diferentes. As rochas cristalinas duras ocupam a maior parte da bacia, exceto a parte costeira que é constituída por rochas sedimentares de idade terciária conhecidas como formação Warkallai. Toda a região de rochas duras é coberta por materiais intemperizados, principalmente produtos residuais intemperizados, laterite e areias de origem fluvial e marinha de idade quaternária

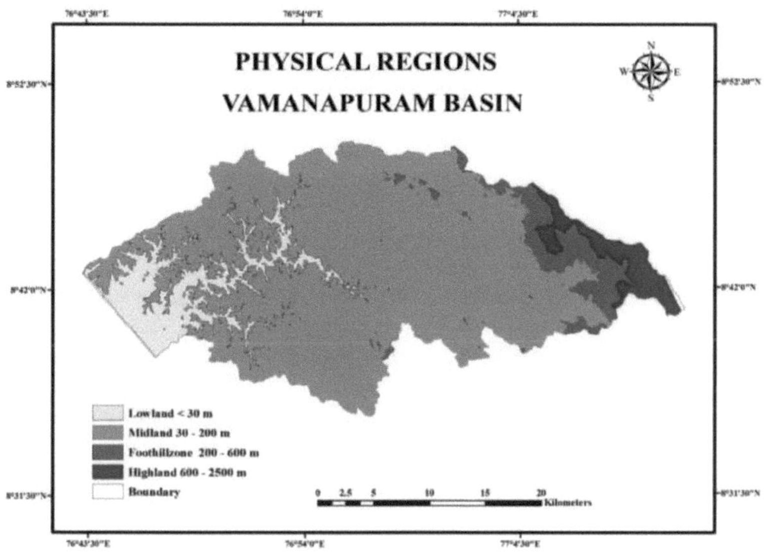

Fig. 3 Regiões fisiográficas

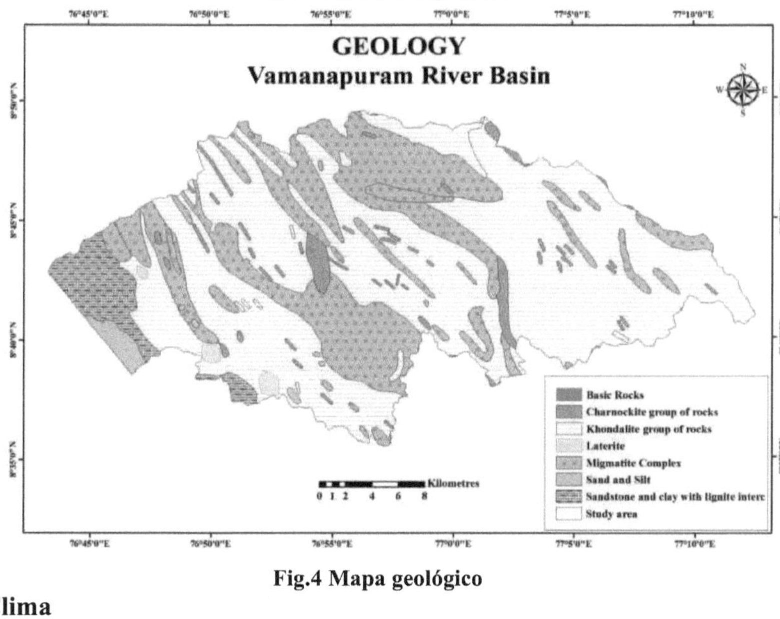

Fig.4 Mapa geológico

1.4 Clima

R ainfall

R O registo de precipitação de duas estações situadas em VRB de 2011 a 2015 é apresentado na Fig. 5. Pode observar-se que em todos os meses há precipitação, pelo menos um vestígio. A precipitação mínima ocorre nos meses de janeiro e fevereiro. A diminuição da precipitação começa a partir do mês de dezembro e essa tendência mantém-se até abril. Os meses secos são março e abril. Há pouca ou nenhuma consistência no padrão de queda de chuva de 2011 a 2015. Em 2015, a precipitação máxima ocorreu no mês de abril, mas em 2013 foi de apenas 17 cm. A monção do sudoeste começa em junho e, por vezes, funde-se com a monção do nordeste. Nesse caso, haverá precipitação até novembro, tal como em 2015.

T able IM Dados mensais de precipitação para as estações pluviométricas de Nedumanagad e Varkala (fonte: IMD)

STATION : NEDUMANGADU												
MONTHLY TOTAL RAINFALL IN MM												
YEAR	JAN	FEB	MAR	APR	MAY	JUN	JUL	AUG	SEP	OCT	NOV	DEC
2010	Xx	xx	Xx	Xx	xx	xx	xx	Xx	xx	Xx	xx	198.6
2011	62.8	85.4	39.0	188.8	75.2	277.0	105.6	100.4	118.8	149.1	200.7	199.6
2012	5.2	16.4	41.6	159.2	100.2	56.8	153.8	137.2	81.0	235.4	140.4	20.6
2013	1.2	112.8	31.8	17.8	94.2	495.8	251.2	97.6	233.0	236.4	312.0	36.8
2014	11.8	8.0	19.4	82.8	284.4	136.6	136.6	373.2	202.2	329.8	181.6	65.4
2015	1.2	0.0	116.6	334.2	245.2	382.9	73.4	78.5	481.6	287.2	367.8	xx
STATION : VARKALA												
MONTHLY TOTAL RAINFALL IN (MM)												
YEAR	JAN	FEB	MAR	APR	MAY	JUN	JUL	AUG	SEP	OCT	NOV	DEC
2010	Xx	xx	Xx	Xx	xx	xx	xx	Xx	xx	Xx	xx	137.0
2011	0.0	42.0	2.0	86.0	150.0	341.0	141.5	100.5	110.0	219.0	290.0	101.0
2012	31.0	112.0	26.0	218.5	192.0	119.5	152.0	177.9	79.9	134.0	112.3	19.3
2013	24.3	30.0	29.9	40.3	224.0	650.9	300.4	119.7	276.5	94.2	116.7	24.5
2014	Trace	1.3	22.0	122.7	223.8	248.0	132.6	353.5	127.6	248.5	55.5	27.7
2015	10.1	0.0	9.4	151.9	354.1	285.0	69.4	58.5	232.3	218.0	189.1	xx

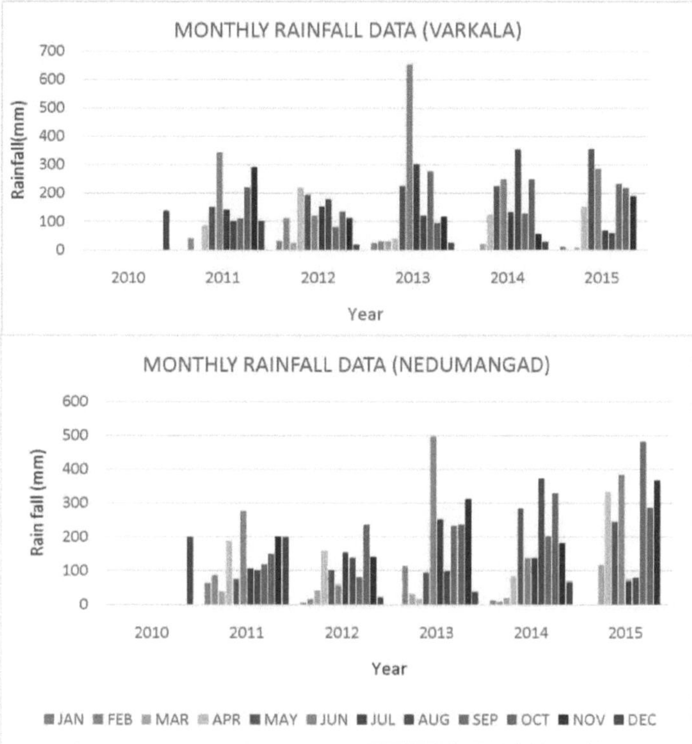

Fig. 5 Dados de precipitação das estações de medição da VRB

1.5 Utilização do solo de VRB

Os ecossistemas florestal e agrícola ocupam, em conjunto, a maior parte da VRB (Fig. 6). O padrão de povoamento em Kerala é único, em que os agricultores vivem em casas situadas nas suas próprias explorações agrícolas. Esta prática é conhecida por homestead farming. 95% das explorações agrícolas são marginais, com menos de um hectare. A média das explorações agrícolas operacionais do Estado é de 0,24Ha, contra a média nacional de 1,33Ha. As zonas húmidas situam-se principalmente nas planícies aluviais, que estão a ser rapidamente convertidas em povoações. A cultura do arroz nas planícies aluviais foi substituída em muitos sítios por plantações de cocos, aracanuts ou seringueiras. Estima-se que

A cultura do arroz foi reduzida em 73% nos últimos 30 anos. A floresta também foi invadida e convertida em plantações de borracha nas últimas duas décadas, o que transformou em efémeros muitos cursos de água perenes que nascem no ghat ocidental. As alterações das caraterísticas geográficas e topográficas devidas às intervenções humanas são susceptíveis de influenciar as circulações atmosféricas e o microclima da região. Se examinarmos atentamente a Fig. 6, podemos concluir que os arrozais seguem uma tendência linear NW-SE, que é semelhante à tendência das cristas da bacia. A distribuição por área de cada um dos usos do solo em VRB é apresentada na Tabela 2.

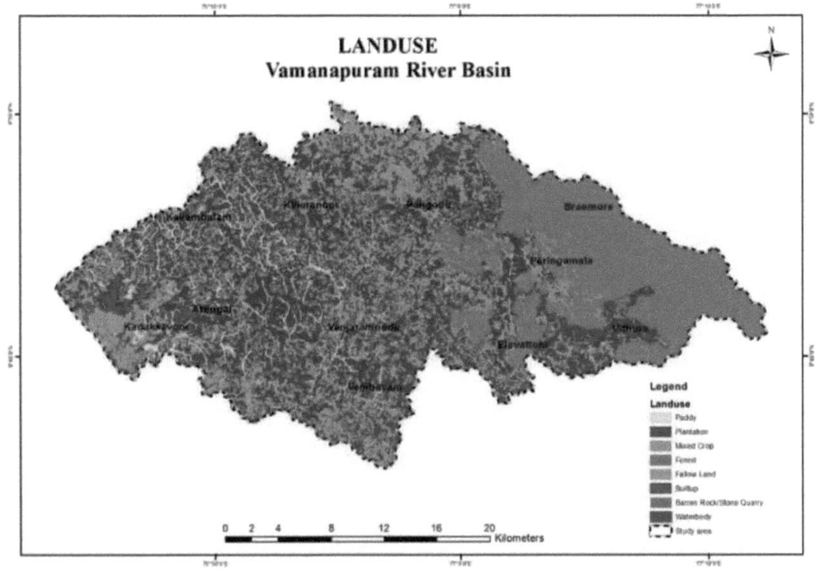

Fig. 6 Mapa de utilização dos solos

T **able** 2Distribuição por **área** dos diferentes tipos de utilização do solo, VRB

Sl. No.	Landuse	Area(Sq.km.)
1	Paddy	26.13
2	Mixed Crop	185.42
3	Builtup	114.00
4	Fallow Land	5.09
5	Plantation	256.13
6	Forest	172.33
7	Barren Rock/Stone Quarry	5.35
8	Waterbody	7.87
	Total Area	**772.32**

1.6 Solo

A laterite e o solo laterítico constituem o principal material de cobertura na bacia de drenagem, especialmente na zona média e em parte das terras baixas costeiras. Os vales são ocupados por sedimentos aluvio-coluviais. As encostas e as cristas das colinas são cobertas por laterite de espessura variável. Os solos aluviais dividem-se em franco-arenosos pouco profundos bem drenados, franco-arenosos moderadamente profundos bem drenados e franco-argilosos arenosos moderadamente drenados. As porções de vale são maioritariamente cobertas por material aluvial areno-argiloso. Os declives são geralmente cobertos por material de lavagem de diferentes tamanhos, desde calhaus a cascalho, consoante o estado do declive. Em muitos locais da bacia hidrográfica, o perfil natural do solo foi muito alterado pelo enchimento de material laterítico em locais baixos. De acordo com a classificação do Departamento de Levantamento de Solos de Kerala (2007), a VRB é composta por cinco tipos de solos: a série Kazhakuttam, a série Trivandrum, a série Nedumanagad, a série Kallar e a série Ponmudi.

CAPÍTULO 2

MORFOMETRIA DA BACIA HIDROGRÁFICA DO RIO VAMANAPURAM

O Estado de Kerala é atravessado de leste a oeste por vários rios (41) originários de Westernghats. O rio Vamanapurm é um desses rios na parte sul. Esta bacia hidrográfica estende-se por todo o território do Estado, de leste a oeste, abrangendo todas as divisões fisiográficas do Estado. O VRB tem um comprimento de canal principal de 54 km, iniciando o seu curso em Chemmunji-Mottai (1717 m, msl) dos ghats ocidentais e terminando no lago Anjengo, perto de Chirayinkizhu, no distrito de Thiruvananthapuram. A bacia hidrográfica de VRB, com uma área de captação de 767,32 km2 , está localizada principalmente no distrito de Thiruvananthapuram e uma pequena parte no distrito de Kollam, no Estado de Kerala, delimitada pelas latitudes 8° 35' 24" N e 8° 49' 13" N e pelas longitudes 76°44' 24" E e 77°12' 45" E. Inclui Nedumangad Taluk do distrito de Thiruvananthapuram, a sul, e Kottarakkara Taluk dos distritos de Kollam, a norte. O Estado de Tamil Nadu situa-se a leste e o Mar Arábico a oeste. Uma grande área de VRB situa-se no terreno médio do Estado, caracterizado por terras altas lateríticas com topografia ondulada e vales intermédios. As altitudes variam de 40 m nas partes noroeste a cerca de 300 m nas partes leste e sudeste. A corrente principal tem origem no sopé das colinas de Ponmudi e os afluentes nas colinas circundantes, como Kallar. O rio corre depois através da cidade de Vamanpuram e dois afluentes juntam-se em Attaramoodu, onde a corrente principal se chama rio Kilimanur. A partir daí, a corrente principal segue em frente e junta-se ao remanso de Anjengo no extremo norte. Desemboca no Mar Arábico em Mudalapallipozhi, perto de Perumathura, 25 km a norte da cidade de Thiruvananthapuram. Os dois afluentes deste rio na parte a montante são Chittar e Manjapra Ar.

A bacia hidrográfica de Vamanapuram, com uma área de captação de 767,32 km2, está localizada principalmente no distrito de Thiruvananthapuram e uma pequena parte no distrito de Kollam, no estado de Kerala. A bacia hidrográfica do rio Vamanapuram é delimitada pelas latitudes

8° 35' 24" N e 8° 49' 13" N e pelas longitudes 76°44' 24" E e 77°12' 45" E. A VRB é delimitada por Nedumangad Taluk do distrito de Thiruvananthapuram a Sul, Kottarakkara Taluk dos distritos de Kollam a Norte, Tamil Nadu a Leste e o Mar Arábico a Oeste. A área faz parte do terreno médio do Estado, caracterizado por terras altas lateríticas com topografia ondulada e vales intermitentes. As altitudes variam de 40 m nas partes noroeste a cerca de 300 m nas partes leste e sudeste. O rio Vamanapuram é um dos principais rios do sul de Kerala, com a sua rede de afluentes. A corrente principal tem origem no sopé das colinas de Ponmudi (1074 m acima do nível do mar) e os afluentes nas colinas circundantes, como Kallar. O rio corre depois através da cidade de Vamanpuram e a corrente de dois braços junta-se em Attaramoodu, onde a corrente principal se chama rio Kilimanur. A partir daí, a corrente principal segue em frente e junta-se ao remanso de Kadinamkulam na extremidade mais a norte. Desemboca no Mar Arábico em Mudalapallipozhi, perto de Perumathura, 25 km a norte da cidade de Thiruvananthapuram. Os dois afluentes deste rio são os riachos Upper Chittar e Manjaprayar. A maior parte do rio Vamanapuram corre em terrenos medianos e a restante em zonas de planalto e de planície.

2.1 Metodologia

Para determinar os parâmetros morfométricos, os mapas topográficos foram recolhidos e utilizados como base para a criação de várias camadas temáticas do SIG. O mapa de base da bacia hidrográfica de Vamanapuram foi preparado com base em mapas topográficos do Survey of India numa escala de 1:50000.

Os dados SRTM (Shuttle Radar Topographic Mission) de 30 m de resolução (lançados em janeiro de 2015 pela NASA) foram utilizados para derivar os parâmetros morfométricos, tais como contornos, modelo digital de elevação, gradiente de declive, aspeto, enchimento, direção do fluxo e acumulação de fluxo. Os mapas relevantes foram criados utilizando o software ArcGIS 10.2. As redes de drenagem das bacias hidrográficas foram digitalizadas a partir das folhas de mapa do Survey of India (SOI) n.º 58 D9, 58D13, 58 D14, 58H1 e 58 H2. (A ordenação dos cursos de água digitalizados é efectuada na plataforma GIS de acordo com a classificação de Strahler. (Strahler 1958, 1964). De acordo com as leis de Horton (1945) é analisada a rede de drenagem da bacia. Nesta classificação, os cursos de água sem afluentes são definidos como de primeira ordem; dois cursos de primeira ordem juntam-se para formar um curso de água de segunda ordem, etc. Em geral, dois cursos de água da mesma ordem juntam-se para formar um curso de água com uma ordem aumentada de um. As caraterísticas da bacia hidrográfica (área da bacia, perímetro, comprimento acumulado dos cursos de água e comprimento da bacia) são medidas no ambiente SIG. Os parâmetros morfométricos, como a frequência dos cursos de água, a densidade de drenagem, a relação de textura, o fator de forma, a relação de bifurcação, o comprimento do fluxo sobre o terreno, o alongamento e as relações circulatórias foram avaliados com equações matemáticas (Strahler 1964). Os pormenores de vários parâmetros morfométricos e da lei utilizada no presente estudo são apresentados no Quadro 3.

Quadro 3 Definição e fórmulas dos atributos morfométricos

S.No	Parameters	Formulae	References
1	**Stream Order (U)**	Hierarchical rank	Strahler (1964)
2	**Stream Length (Lu)**	Length of the stream	Horton (1945)
3	**Mean Stream Length (Lsm)**	Lsm = Lu/Nu	Strahler (1964)
4	**Stream Length Ratio (RL)**	RL = Lu/(Lu−1)	Horton (1945)
5	**Bifurcation Ratio (Rb)**	Rb = Nu/Nu + 1	Schumm (1956)
6	**Mean Bifurcation Ratio (Rbm)**	Rbm = average of bifurcation ratios of all order	Strahler (1957)

7	**Drainage density (Dd)**	Dd = Lu/A	Horton (1945)
8	**Drainage texture (T)**	T = Dd × Fs	Smith (1950)
9	**Stream Frequency (Fs)**	Fs = Nu/A	Horton (1945)
10	**Texture ratio (T)**	$T = N_1 / P$	
11	**Elongation ratio (Re)**	Re = D/L = 1.28 √ A/L	Schumm (1956)
12	**Circularity ratio (Rc)**	$Rc = 4\pi A/P^2$	Strahler 1964
13	**Form factor (Ff)**	$Ff = A/L^2$	Horton (1945)
14	**Length of overland flow (Lg)**	Lg= 1/D×2	Horton (1945)
15	**Relief**	R = H−h	Hadley and Schumm (1961)
16	**Relief Ratio**	Rr = R/L	Schumm (1963)

Lu = Comprimento total dos cursos de água de todas as ordens, Nu = Número total de cursos de água de todas as ordens, N1= Número total de cursos de água de 1ª ordem, Lb = Comprimento da bacia (km), H = Elevação do ponto mais alto da bacia, h = Elevação do ponto mais baixo da bacia, Lmin = Distância mais curta entre a nascente e o escoadouro, e π = 22 / 7,A - Área da bacia, P - Perímetro da bacia, L - Comprimento da bacia

2.2 Resultados e discussão

A geomorfometria é a ciência da análise quantitativa da superfície terrestre (Pike 2000; Rasemann et al. 2004). Trata-se de uma abordagem moderna, analítico-cartográfica, para representar a topografia da terra nua através da manipulação informática da altura do terreno (Tobler 1976, 2000). A análise morfométrica de uma bacia fornece uma indicação sobre a permeabilidade, a capacidade de armazenamento das rochas e dá uma indicação do rendimento da bacia. O presente estudo enfatiza o uso do SIG e da deteção remota para a análise morfométrica e os resultados são discutidos abaixo. O DEM foi obtido com um tamanho de pixel de 30 m (SRTM DEM) e foi utilizado para calcular contornos, declive, aspeto, direção do fluxo e mapas de acumulação de fluxo da bacia hidrográfica.

O desenvolvimento das redes de drenagem depende da geologia e da precipitação, para além das influências exógenas e endógenas (Singh et al.2014). Um mapa de drenagem de uma bacia fornece um índice fiável da permeabilidade das rochas e dá uma indicação do rendimento da bacia. Os factores que controlam o armazenamento de águas subterrâneas são diferentes no espaço e no tempo, e a maioria destes factores depende dos seguintes parâmetros: (1) disponibilidade de precipitação como fonte de água; (2) as caraterísticas de drenagem têm um papel na distribuição do escoamento superficial e indicam um esquema de infiltração que rege o comportamento do fluxo de água na superfície do terreno vertical e horizontalmente; (3) o tipo de rocha, cujo carácter litológico rege a gestão do fluxo e do armazenamento; (4) o declive é outro fator de influência e controla a energia do fluxo de água, que desempenha um papel na facilitação do fluxo de água na bacia. A análise morfométrica pode ser efectuada através de medições dos aspectos lineares, de área e de relevo da bacia. Foi efectuada uma análise quantitativa da bacia hidrográfica de Vamanapuram para avaliar as caraterísticas de drenagem, utilizando o SIG para o cálculo e a construção da topologia de diferentes parâmetros morfométricos. Foram calculados parâmetros lineares e ariais importantes e as suas caraterísticas, tais como a área da bacia, o perímetro, o comprimento da bacia, o rácio de bifurcação (Rb), a densidade de drenagem (Dd), a frequência do fluxo (Fs), o rácio de circulação (Rc), os rácios de alongamento (Re), etc. Os padrões de drenagem da bacia hidrográfica são dendríticos a partir da análise morfométrica.

Contornos

O mapa de contorno é preparado com base no SRTM DEM com um intervalo de 20 metros. O mapa de contorno foi classificado em 5 classes (Fig. 7).

Declive

O declive de uma caraterística física, um relevo topográfico, refere-se ao grau de inclinação dessa superfície em relação à horizontal. A análise do declive é um parâmetro importante nos estudos geomórficos. Os elementos de declive, por sua vez, são controlados pelos processos climático-morfogénicos em áreas com rochas de resistência variável. Com base nos dados SRTM, o mapa de declives da área de estudo é preparado utilizando a ferramenta de análise espacial do ArcInfo 10. A grelha de declives é identificada como "a taxa máxima

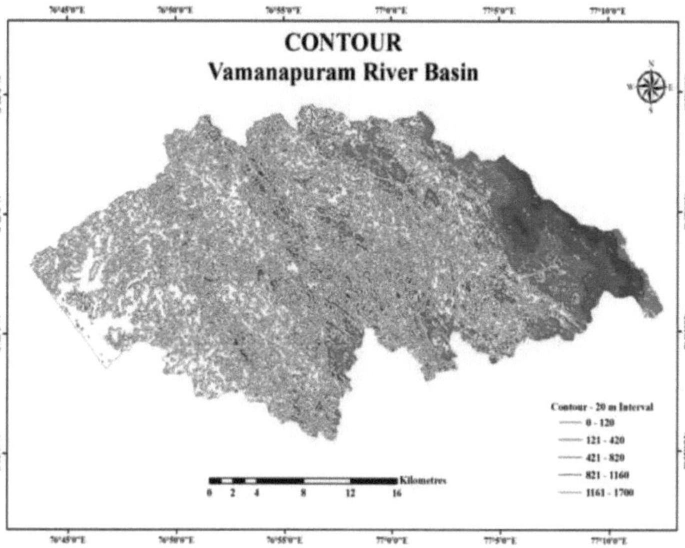

Fig. 7 Contorno

Fig. 8 Declive

de mudança de valor de cada célula para as suas vizinhas (Burrough 1986). O mapa de declives da bacia hidrográfica de Vamanapuram é apresentado na Fig. 8. O grau de declive exibido pela bacia hidrográfica varia entre 0° e 67,91°. Um grau de declive mais elevado resulta num escoamento rápido e num aumento da taxa de erosão com um fraco potencial de recarga

Aspeto

O aspeto refere-se geralmente à direção para a qual a encosta de uma montanha está virada. O aspeto de uma encosta pode ter uma influência muito significativa no seu clima local, porque os raios solares estão a oeste na altura mais quente do dia, à tarde, e por isso, na maioria dos casos, uma encosta virada para oeste será mais quente do que uma encosta protegida virada para leste. Este facto pode ter efeitos importantes na distribuição da vegetação e da biodiversidade na área de estudo (Mageshet al.2012). O valor do conjunto de dados raster de saída representa a direção do aspeto na bússola. "0 é o norte verdadeiro; um aspeto de 90 graus é para leste, e assim por diante. O mapa de aspeto da bacia hidrográfica de Vamanapuram é apresentado na Fig. 9. A interpretação visual mostra claramente que as encostas viradas a oeste, sudoeste e leste são os principais aspectos de declive das cadeias montanhosas da bacia hidrográfica.

Direção do fluxo

Esta função calcula a direção do fluxo para uma determinada grelha. Os valores nas células da grelha de direção do fluxo indicam a direção da descida mais acentuada a partir dessa célula. Uma grelha de direção de fluxo mostra a direção em que a água fluirá de cada célula de uma grelha de elevação preenchida. Um método amplamente utilizado para derivar a direção do escoamento é o método D8. Utilizado pelo ArcGIS, o método D8 atribui a direção de fluxo de uma célula a uma das suas oito células circundantes que tem o gradiente mais acentuado ponderado pela distância. O método não permite que o caudal seja distribuído por várias células. O método D8 produz bons resultados em zonas de caudais convergentes e ao longo de vales bem definidos. A direção do fluxo da bacia de Vamanapuram é mostrada na Fig.10, indicando que a maior parte da água flui na direção oeste.

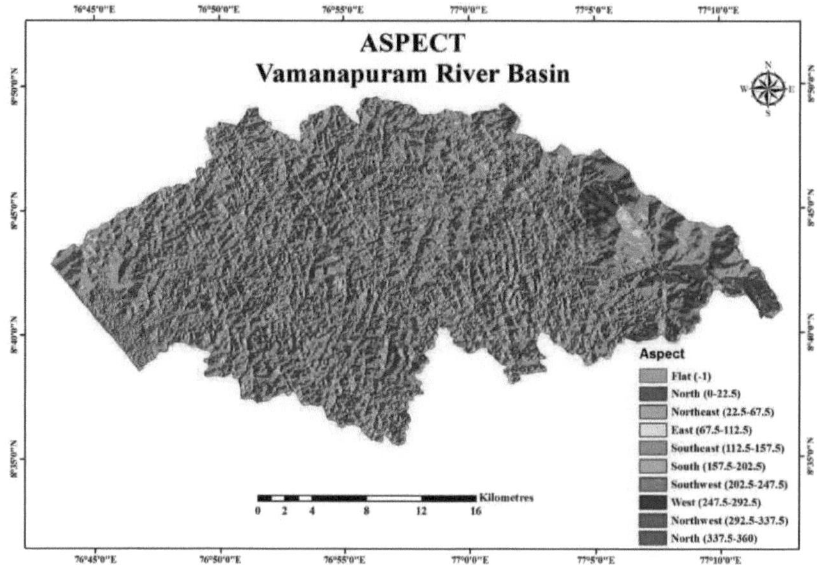

Fig.9 Aspeto

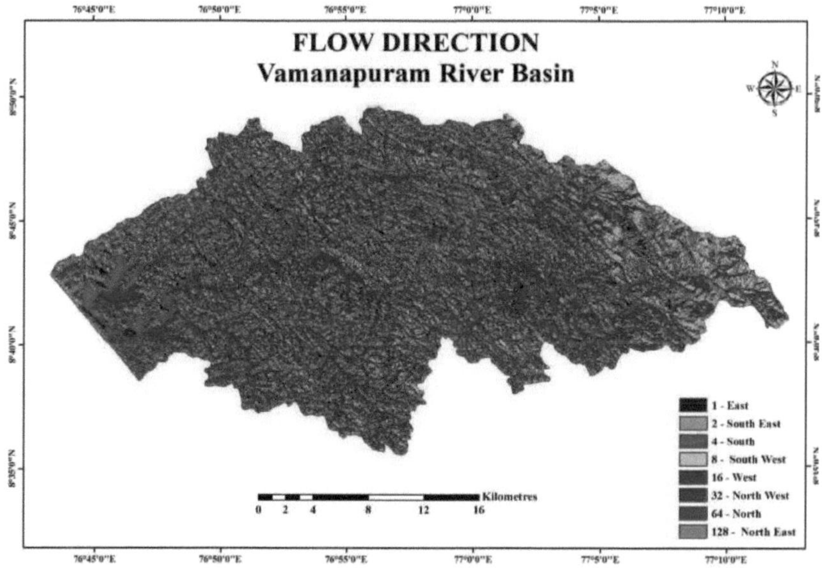

Fig. 10 Direção do fluxo

Acumulação de fluxos

Cria uma varredura do fluxo acumulado para cada célula. Uma varredura de acumulação de fluxo tabula, para cada célula, o número de células que fluirão para ela. A tabulação é baseada na lista de direcções de fluxo. Com o aparecimento de uma árvore de cobertura, uma matriz de acumulação de caudal regista quantas células a montante contribuirão para a drenagem de cada célula. Uma carta de acumulação de caudal pode ser interpolada de duas formas. Em primeiro lugar, as células com valores de acumulação elevados correspondem geralmente a canais de escoamento, enquanto que as células com um valor de acumulação de zero correspondem geralmente a linhas de cumeada. Em segundo lugar, se multiplicado pelo tamanho da célula, o valor da acumulação é igual à área de drenagem. O mapa de acumulação de caudal da área de estudo é apresentado na Fig. 11.

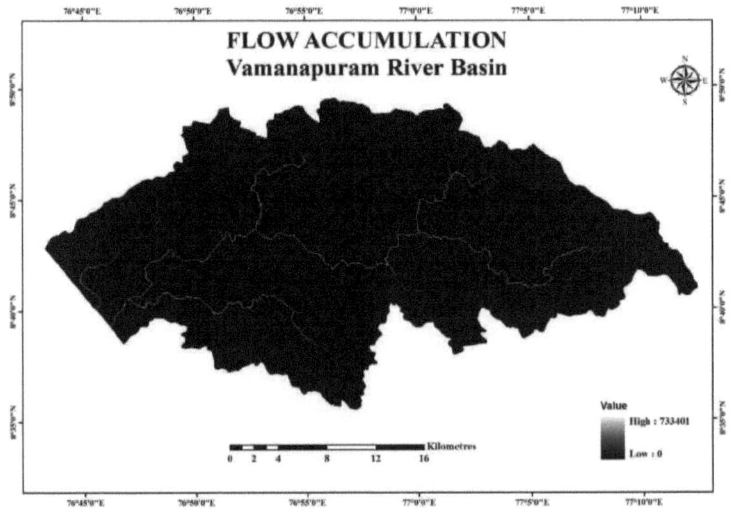

Fig. 11 Acumulação de caudal

Ordem do fluxo (u)

Os cursos de água da área de estudo foram ordenados de acordo com a classificação de Strahler.

Nesta classificação, os cursos de água sem afluentes são definidos como de primeira ordem; dois cursos de primeira ordem juntam-se para formar um curso de água de segunda ordem, etc. Em geral, dois cursos de água da mesma ordem juntam-se para formar um curso de água com uma ordem aumentada de um. O comprimento e o número de cursos de água ordenados das bacias hidrográficas da bacia hidrográfica de Vamanapuram são apresentados no Quadro 4. A variação da ordem dos cursos de água e da área da bacia deve-se, em grande medida, às condições fisiográficas e estruturais da região. De acordo com o método de ordenação de Strahler, a bacia hidrográfica forma a quinta ordem e, por conseguinte, é designada como bacia hidrográfica de quinta ordem.

Número do fluxo (Nu)

O número de cursos de água de várias ordens e o número total de cursos de água nas bacias hidrográficas são contados independentemente com a utilização do software. O número total de cursos de água diminui gradualmente à medida que a ordem dos cursos de água aumenta.

Comprimento do curso de água (Lu)

O comprimento do curso de água é indicativo da área contribuinte da bacia de uma determinada ordem. O comprimento do curso de água (Lu) foi calculado com base na lei proposta por Horton (1945). Os números dos cursos de água de várias ordens em ambas as bacias hidrográficas são contados individualmente nos mapas topográficos utilizando o software Arc GIS e os seus comprimentos desde a foz até à divisão da drenagem são medidos na mesma plataforma. O comprimento dos segmentos de cursos de água é máximo para os cursos de primeira ordem e diminui à medida que a ordem dos cursos de água aumenta.

Comprimento médio do curso de água (Lsm)

O comprimento médio dos cursos de água (Lsm) foi calculado dividindo o comprimento total dos cursos de água da ordem "u" pelo número de segmentos de cursos de água da ordem (Quadro 3). Trata-se de uma propriedade caraterística relacionada com a dimensão dos componentes da rede de drenagem e das suas superfícies associadas (Strahler1964). A partir do estudo morfométrico, verifica-se que os valores de Lsm do Vamanapuram variam entre 0,41 e 0,58.

Rácio do comprimento do curso de água (RL)

O rácio do comprimento do curso de água (RL) pode ser definido como o rácio do comprimento médio de uma ordem para a ordem imediatamente inferior dos segmentos do curso de água (Horton 1945). Os valores do RL são apresentados no Quadro 2. O RL entre riachos de diferentes ordens na área de estudo revela que existe uma variação no RL na área de estudo (0,74, 0,95, 1,02, 1,14). Esta variação pode ser atribuída à variação do declive e da topografia, indicando a fase juvenil tardia.

Rácio de bifurcação (Rb)

O rácio de bifurcação (Rb) pode ser definido como o rácio entre o número de segmentos de um curso de água de uma determinada ordem e o número de segmentos da ordem imediatamente superior (Schumm 1956). Horton (1945) considerou a razão de bifurcação como um índice de relevo e dissecções. Strahler (1958) demonstrou que a razão de bifurcação apresenta uma pequena gama de variação para diferentes regiões ou diferentes condições ambientais, exceto quando o controlo geológico domina. O Rb é também um instrumento indicativo da forma da bacia. Bacias alongadas têm valores baixos de Rb, enquanto bacias circulares têm valores altos de Rb (Morisawa1985). Observa-se na Tabela 4 que o Rb não é o mesmo de uma ordem para a ordem seguinte (2,02, 2,50, 1,98, 1,63). Estas irregularidades dependem do desenvolvimento geológico e litológico da bacia de drenagem (Strahler 1964).

Tabela 4 Atributos morfométricos, VRB

S.No	Parameters		Stream Order			
		I	II	III	IV	V
1	Stream Order (Total)	1548	768	307	155	95
2	Min length (in km)	0.0001	0.002	0.01	0.02	0.02
3	Max length (in km)	3.63	10.61	2.12	3.03	3.56
4	Stream Length in (km)	907.26	335.87	126.27	66.43	45.7
5	Mean Streamlength in km (Lsm)	0.58	0.43	0.41	0.42	0.48
6	SD	0.37	0.57	0.37	0.4	0.56
7	Stream Length ratio (RL)		II/I	III/II	IV/III	V/IV
			0.74	0.95	1.02	1.14
8	Bifurcation ratio (Rb)		I/11	II/III	III/IV	IV/V
			2.02	2.5	1.98	1.63

S.No	Parameters	Entire Basin
9	Mean bifurcation ratio (Rbm)	2.03
10	Total stream length of all orders (km)	1481.53
11	Perimeter (P) km	171
12	Basin Length (L) (km)	51.28
13	Basin Area(A) (sq.km)	767.32
14	Total Relief (m)	1705
15	Relief Ratio (Rh)	33.24
16	Elongation ratio (Re)	0.04
17	Circularity Ratio (Rc)	0.33
18	Form Factor (Rf)	0.29
19	Drainage density (km/km2) (Dd)	2.21
20	Stream Frequency (Fs)	3.75
21	Drainage texture (T)	8.3
22	Texture ratio (Rt)	9.05
23	Length of overland flow (Lg)	0.21

Alívio (R)

O relevo é a diferença vertical máxima entre o ponto mais baixo e o ponto mais alto de uma bacia. O relevo da bacia é um fator importante para compreender as caraterísticas de desnudação da bacia. Desempenha um papel significativo no desenvolvimento das formas de relevo, no desenvolvimento da drenagem, no fluxo de água superficial e sub-superficial, na permeabilidade e nas propriedades erosivas do terreno. O relevo total da área de estudo é de 1.705 m.

Rácio de alívio

O rácio de relevo (Rh) é definido como a distância horizontal ao longo da dimensão mais longa da bacia paralela à linha de drenagem principal (Schumm 1956). O Rh indica o declive global de uma bacia de drenagem e é um indicador da intensidade dos processos de erosão que operam nas vertentes da bacia. No presente estudo, observa-se que o rácio de relevo da área em estudo é de 33,24.

Densidade de drenagem (Dd)

A densidade de drenagem indica a proximidade do espaçamento dos canais (Horton 1932). A densidade de drenagem é definida como o comprimento total dos cursos de água de todas as ordens por área de drenagem. De acordo com Strahler (1964), valores baixos de densidade de drenagem ocorrem quando o relevo da bacia é baixo, enquanto que valores altos de Dd são favorecidos quando o relevo da bacia é alto. O fator Densidade está relacionado com o clima,

tipo de rochas, relevo, capacidade de infiltração, cobertura vegetal e índice de intensidade do escoamento superficial. O gradiente de declive e o relevo relativo são os principais factores morfológicos que controlam a densidade de drenagem. O valor de Dd para a área é de 2,21 km/km^2 respetivamente. A Dd da bacia hidrográfica revela que a natureza dos estratos subsuperficiais é permeável, o que é uma caraterística da drenagem grosseira, uma vez que os valores de densidade são inferiores a 5,0. A medição da densidade de drenagem fornece uma medida numérica da dissecação da paisagem e do potencial de escoamento superficial.

Frequência do fluxo (Fs)

Horton (1932) introduziu a frequência de cursos de água (Fs) ou frequência de canais, que é o rácio entre o número total de segmentos de cursos de água de todas as ordens na bacia e a área total da bacia. O valor da frequência dos cursos de água para a bacia hidrográfica é de 3,75 (Quadro 4). A frequência dos cursos de água depende mais ou menos da precipitação, da temperatura e da litologia da bacia e reflecte a textura da rede de drenagem. Verifica-se que os valores de Fs da bacia hidrográfica apresentam uma correlação positiva. Isto indica que o aumento da população de cursos de água está relacionado com o da densidade de drenagem.

Textura de drenagem (T)

A textura da drenagem depende de uma série de factores naturais, como o clima, a precipitação, a vegetação, o tipo de rocha e de solo, a capacidade de infiltração, o relevo e o estádio de desenvolvimento (Smith 1950). A textura da drenagem é o número total de segmentos de cursos de água de todas as ordens por perímetro dessa área (Horton 1945). Smith (1950) classificou a textura da drenagem, que é apresentada no Quadro 3. De acordo com a classificação de Smith, observa-se que a bacia hidrográfica tem uma textura fina intermédia, com um valor entre 4 e 10 (8,3).

Fator de forma (Ff)

O fator de forma (Ff) é definido como a razão entre a área da bacia e o quadrado do comprimento da bacia. Este fator indica a intensidade do escoamento de uma bacia com uma área definida (Horton 1945). O valor do fator de forma deve ser sempre inferior a 0,7854 (valor correspondente a uma bacia perfeitamente circular). Quanto menor for o valor do fator de forma, a bacia será mais alongada, com caudais de pico mais baixos e de maior duração. As bacias circulares têm factores de forma intermédios, que são próximos de um. As bacias com factores de forma elevados registam picos de caudal maiores e de menor duração, enquanto as bacias alongadas com factores de forma baixos registam picos de caudal mais baixos e de maior duração. O índice de Ff apresenta uma relação inversa com o quadrado do comprimento axial e uma relação direta com o pico de caudal. Os valores de Ff para a área de estudo são 0,29, o que indica que a bacia hidrográfica é alongada, com caudais de ponta mais baixos e de maior duração do que a média.

Rácio de circularidade (Rc)

O rácio de circularidade de uma bacia está principalmente relacionado com o comprimento e a frequência dos cursos de água, as estruturas geológicas, a utilização/cobertura do solo, o clima, o relevo e o declive da bacia. O rácio de circularidade (Rc) é a relação entre a área de uma bacia e a área de um círculo com a mesma circunferência que o perímetro da bacia (Miller 1953). A bacia hidrográfica de Vamanapuram tem um valor de Rc (0,33) inferior a 0,5, o que indica que é alongada. Rc é um rácio significativo que indica a fase dendrítica de uma bacia hidrográfica. Os valores baixos, médios e altos de Rc indicam as fases jovem, madura e velha do ciclo de vida da bacia hidrográfica do afluente.

Rácio de alongamento (Re)

O rácio de alongamento (Re) é o rácio entre o diâmetro de um círculo com a mesma área que a bacia de drenagem e o comprimento máximo da bacia (Schumm1956). Os valores de Re variam geralmente de 0,6 a 1,0 numa grande variedade de tipos climáticos e geológicos. Os valores de Re próximos da unidade correspondem tipicamente a regiões de relevo baixo, enquanto os valores no intervalo de 0,6 a 0,8 estão normalmente associados a relevo elevado e declives acentuados do terreno (Strahler 1964). Estes valores podem ser agrupados em quatro categorias: circular (>0,9), oval (0,9 a 0,8) e menos alongado (<0,7). No caso presente, o rácio de alongamento (0,04) é inferior a 0,7, o que indica que a bacia hidrográfica é menos alongada e tem um relevo elevado e declives acentuados.

Comprimento do escoamento superficial (Lg)

O comprimento do escoamento superficial é definido como o comprimento do caminho de drenagem mais longo que a água percorre antes de se concentrar (Horton 1945). O comprimento do escoamento superficial (Lg) é aproximadamente igual a metade do recíproco da densidade de drenagem (Horton 1945). Este fator relaciona-se inversamente com o declive médio do canal e é bastante sinónimo do comprimento do escoamento superficial. O valor de Lg calculado para a bacia hidrográfica é de 0,21. O presente estudo é valioso para a recolha de águas pluviais, a gestão das bacias hidrográficas e dos ecossistemas. Os cursos de água de primeira e segunda ordem não são úteis para a construção de barragens de controlo; por conseguinte, a recolha de águas pluviais não pode ser aplicada nestas áreas devido ao elevado gradiente e ao escoamento rápido. Além disso, a gestão ecológica deve ser executada cuidadosamente para o bem-estar da interação entre a natureza e o homem.

CAPÍTULO 3

AMBIENTE E PROCESSOS EXOGÉNICOS

A área do projeto em investigação atravessa todas as divisões fisiográficas de Kerala, desde as terras baixas até às terras altas. As cadeias montanhosas nas terras altas estão sujeitas a um intenso processo de desperdício de massa devido à maior elevação e ao clima predominante, que é tropical húmido. O clima existente favorece e promove o processo de desperdício de massa, como a erosão das encostas, a fluência, os deslizamentos de terras, etc., e influencia, de facto, a própria natureza da forma do terreno nas cadeias de montanhas. Como as encostas das colinas são parte integrante da bacia de drenagem e da rede de canais de drenagem associada, a análise do elemento de encosta fornece dados úteis sobre a ocorrência de recursos hídricos numa região. As unidades morfológicas distintas que cobrem a VRB no que respeita às formas e processos podem ser identificadas (Fig. 12) e descritas da seguinte forma. A imagem LISS III do VRB foi utilizada para extrair unidades geomórficas através do processamento digital de imagens e da classificação supervisionada, de acordo com as normas da

NRSA.

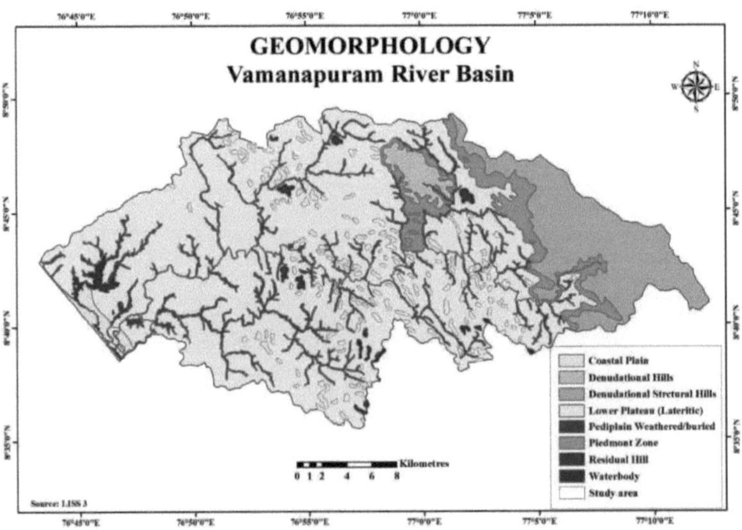

Fig. 12 Geomorfologia

3.1 Colinas de desnudação (DH)

A Figura 12 mostra a distribuição das colinas desnudacionais na região. Esta caraterística desenvolve-se em picos ou cumes de montanhas, que são contínuos ou rompidos em algumas partes por um curso de água antecedente, formado principalmente pelo processo de erosão de encostas. Estas encostas são essencialmente encostas limitadas pela meteorização, onde o produto da meteorização in situ raramente se desenvolve, deixando o pico das colinas com rochas estéreis e encostas com detritos de tamanhos variados. As colinas desnudadas estendem-se desde a crista da colina até, por vezes, a meio da encosta, dependendo da inclinação do declive, onde o processo de transporte, como a queda por gravidade, a lavagem superficial, a ação do vento, etc., excede sempre o processo de meteorização. Numerosos estudos mostraram que os salpicos da chuva podem ser um importante agente erosivo, quando a superfície da encosta não está completamente coberta por vegetação. Uma vez que as zonas altas dos Ghats Ocidentais são conhecidas pela explosão de nuvens e pelos salpicos de chuva, a erosão dos taludes é o processo exógeno dominante nesta região. Estudos experimentais e de campo indicam que a erosão nas encostas é, naturalmente, complicada. A parte desnudada do segmento de encosta é um dos seis elementos que podem ser identificados de acordo com o declive da encosta. Depende das forças erosivas e da resistência da superfície à erosão. Uma equação de perda de solo desenvolvida para campos agrícolas pode ser usada para considerar as variáveis que influenciam os declives das encostas. A equação de perda de solo é a seguinte A= RKLSCP, em que A é a perda anual de solo por unidade de área; o fator de precipitação R é a medida do potencial erosivo da precipitação média anual; K é o fator de erodibilidade do solo; L e S são factores geomórficos de inclinação do declive (S) e comprimento (L); C é o fator de cultivo e está relacionado com o tipo de culturas; P é o fator de conservação do solo. Esta relação indica que quanto maior for a precipitação e maior for a sua intensidade, maior será a erosão. Em contrapartida, a vegetação tem um efeito protetor. As colinas desnudadas sofrem, portanto, uma forte erosão. O declive Debri (DS) ou declive médio de transporte é considerado como uma parte do DH. A descida a partir da DH, a vertente de infiltração e a queda livre são suaves, especialmente a partir do meio da encosta, e estão cobertas por detritos caídos do topo e retidos por algumas cunhas, sendo protegidas por plantas e árvores. Esta parte da encosta é também conhecida como segmento de meia encosta, onde o declive íngreme é reduzido por falha de declive. Os blocos de rocha deslizados ficam temporariamente parados, o que os torna vulneráveis à meteorização química lenta, auxiliada pelo crescimento de plantas e árvores sobre eles. Estes declives são instáveis e acabam por ser sujeitos a deslizamentos ou desmoronamentos durante chuvas fortes. Estas encostas são geralmente inadequadas para habitação; no entanto, são utilizadas para plantações de chá ou de cardamomo nas zonas altas. Estas encostas são compostas por uma mistura de materiais de diferentes dimensões, que incluem solo laterítico misturado com pedras, calhaus e grânulos.

3.2 Colinas residuais

As colinas isoladas e as formas de relevo elevadas que estão a sofrer dilapidação devido a processos de meteorização são classificadas como Colinas Residuais (RH). Estas formas de relevo apresentam uma cobertura de solo e regolito de espessura variável que depende da sua fase evolutiva. A espessura da zona meteorizada atinge até 30 m nalguns locais e a média é de 10 m. A meteorização e a conversão das rochas-mãe num produto residual (laterite) ocorrem frequentemente de forma contínua, deixando uma textura e uma cor diferentes de cima para baixo. A fronteira entre a frente de meteorização e as rochas-mãe manifesta-se por rochas parcialmente meteorizadas até alguns metros de espessura. Observa-se que a espessura do produto laterítico na RH está relacionada com a elevação do terreno. A maior parte da RH está presente na parte central do terreno (30-200m, msl) e uma espessura considerável do perfil intemperizado é atingida em colinas com menos de 120m de altitude. Nalguns locais a maior altitude, a frente intemperizada não é um limite uniforme para baixo, aqui as porções não intemperizadas ocorrem como pedra central dentro do perfil laterítico devido ao processo de intemperismo diferencial.

3.3 Encostas de frontão (PS)

A próxima unidade geomórfica importante no declive do terreno montanhoso, que consiste no declive de lavagem e no dedo do pé ou base (Wallace 1977), é coletivamente designada aqui como declive do pedimento, declive do pé de colúvio e declive do vale de aluvião são a designação alternativa destes declives. De facto, o termo pedimento é utilizado para designar as planícies de pavimento rochoso adjacentes a massas montanhosas ou interpenetrantes em regiões desérticas que se desenvolveram por plantação das montanhas em altitude, dependendo das bacias interiores para as quais a montanha drena (Thornbury 1954). O termo pedimento é aplicado a superfícies de rocha com inclinação muito suave (0,5°-7°). Tipicamente, desce a partir da base de uma escarpa ou escarpa desértica mais íngreme em retirada, mas pode continuar a existir após a erosão da montanha. É causada pela erosão. Desenvolve-se quando lençóis de água corrente (fluxos de lençóis laminares) passam por cima dela em situações de chuva intensa. Pode estar finamente coberto por cascalho fluvial que foi arrastado pelo sopé de montanhas produzidas pela erosão de recuo de falésias. É tipicamente uma superfície côncava que se afasta suavemente das zonas desérticas montanhosas (Wikipédia). Embora este termo seja amplamente utilizado para designar uma superfície quase plana na base do segmento de montanha numa região desértica, uma topografia semelhante na base da encosta de uma colina numa região tropical é também referida como pedimento (Twidale 1981). Na região tropical, este regolito consiste em rocha dura parcialmente intemperizada (saprolito) sobreposta por horizonte de argila e duricrusta laterítica. A espessura aumenta à medida que o ângulo de inclinação diminui.

3.4 Preenchimentos de vale

A distribuição dos vales na VRB é mostrada na Figura 13. A encosta de lavagem e a base da encosta (zona de pedimento) fundem-se gradualmente em vales que são a parte menos elevada da bacia de drenagem. Os vales lineares são a caraterística marcante que pode ser comum em todas as quatro zonas fisiográficas. Os vales são de dois tipos: isolados e interligados. Todos os vales lineares começam por ser estreitos e tornam-se cada vez mais largos quando se encontram com outro vale. Esta configuração é mais pronunciada nas terras baixas (0-30m) (Fig. 14). Os vales da zona média apresentam um padrão de treliça, enquanto que na zona baixa (0-30m) a forma geral é como uma grande árvore. As regiões entre vales são ocupadas por montes de laterite nas terras médias, onde as encostas mais baixas são zonas potenciais de água subterrânea. Os vales nas terras médias (30-200m) são lineares, geralmente seguindo a direção dos cursos de água (Fig. 15). Nas terras médias altas (100-200) os vales são maioritariamente isolados. Os vales das terras altas são geralmente estreitos e lineares, exceto se não se tratar de um planalto. O monte no interior do planalto apresenta um relevo baixo e uma topografia ondulada. Os preenchimentos dos vales são geralmente dominados por clastos de grão fino, como siltes e argilas. A abundância relativa de silte e argila parece ser controlada pela inclinação e dimensão dos vales. Verifica-se que, nos vales estreitos, os clastos mais grosseiros são mais abundantes do que as argilas. Estes vales foram outrora utilizados para o cultivo de arroz, mas atualmente a maior parte deles foi convertida em terrenos urbanizados.

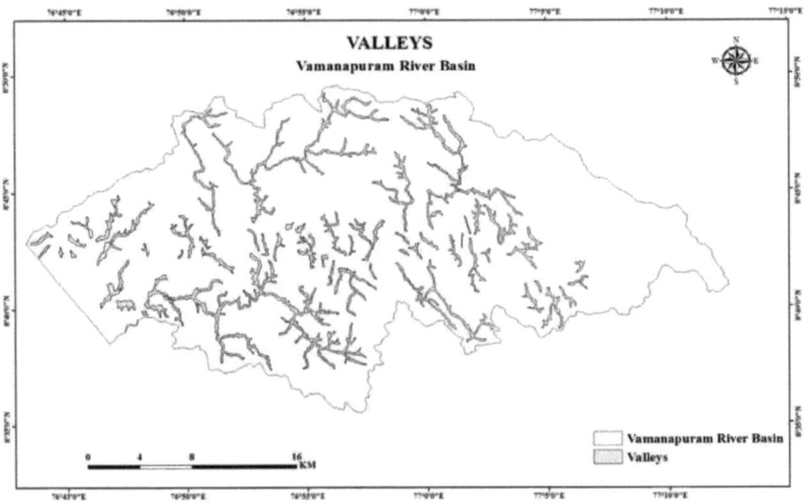

Fig. 13 Distribuição dos vales na VRB

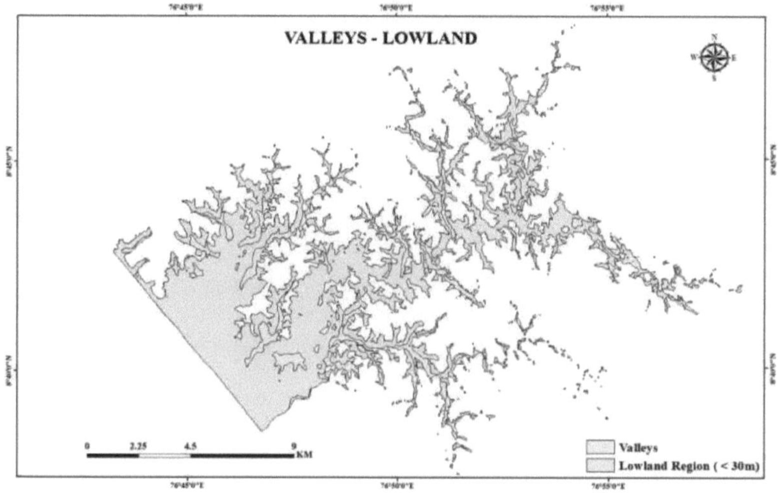

Fig. 14 Distribuição dos vales na região das terras baixas

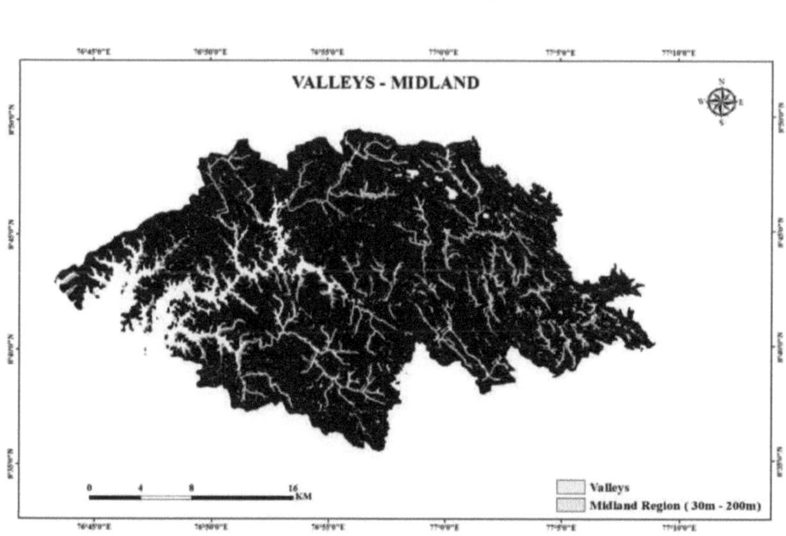

Fig. 15 Distribuição dos vales na região do Midland

CAPÍTULO 4

HIDROGEOLOGIA GERAL DA BACIA HIDROGRÁFICA DO RIO VAMANAPURAM

A água subterrânea em terrenos de rocha dura é um tema espinhoso e torna-se mais complicado num terreno acidentado como o de Kerala. Normalmente, os terrenos de rocha dura são zonas menos propícias à exploração de recursos hídricos subterrâneos. Se o clima não for favorável, praticamente não há espaço para isso. Felizmente, o Estado de Kerala situa-se numa região tropical que recebe dois períodos de monção (SW & NE), embora geologicamente desfavoráveis, a maioria dos agregados familiares, espalhados por todo o Estado, sem ter em conta a adequação do terreno para habitação, podem depender dos recursos hídricos subterrâneos para as suas necessidades domésticas, como beber, dar de beber ao gado, irrigação e agricultura durante pelo menos 7-8 meses na maior parte das regiões, que ocorrem no manto intemperizado ou regolito, controlados pela sua espessura, tipo de material produzido pela intempérie e geometria do terreno. Os indicadores morfométricos são indicadores adequados para avaliar a ocorrência de águas subterrâneas.

Esta secção centra-se nos recursos hídricos subterrâneos que abrangem a zona habitacional e agrícola e os locais inacessíveis cobertos pela área florestal. As unidades geológicas podem ser divididas em rochas e material intemperizado sobrejacente, incluindo o perfil do solo, que inclui encostas cobertas de detritos, colúvios e depósitos aluviais de idade terciária a quaternária. O leito rochoso descreve as rochas que ocorrem abaixo da base do produto residual, laterita ou depósito aluvial. Em rigor, isto inclui as rochas pré-câmbricas, em que a água subterrânea ocorre apenas nas fracturas e juntas interligadas até uma certa profundidade. Sempre que um leito rochoso, um material intemperizado ou um depósito aluvial é capaz de fornecer volumes de água utilizáveis para um poço de água, é designado por aquífero. Vários aquíferos em terrenos montanhosos protegidos por rochas cristalinas, como a área de estudo, podem ser classificados principalmente em I Aquífero sedimentar não consolidado (UNSA), II Rocha residual (aquífero laterítico) e III Aquífero de rocha dura. As seguintes unidades estão incluídas no UNSA:

Tipo I - UNSA

A Aquíferos de tálus de meia encosta

BDeclive do pé Colúvio Aquíferos

CValley fill Alluvium Aquíferos

DCanal/planície de inundaçãoAquíferos

Tipo II - Aquífero Laterítico (LA)

Tipo III - Aquífero de leito rochoso (aqui a água flui através de porosidade secundária)

As unidades aquíferas de A a D, um continuum do divisor de águas ao canal numa bacia de drenagem de rocha dura montanhosa, podem ser agrupadas como aquíferos sedimentares não consolidados. O aquífero laterítico é comum na topografia das terras médias. Dada a sua proximidade da superfície, estes aquíferos são mais susceptíveis de serem diretamente influenciados pelas condições climáticas. Os poços perfurados nos aquíferos superficiais são geralmente poços de grande diâmetro. A recarga tem origem principalmente na precipitação e no escoamento de primavera que se infiltram no lençol freático. Em geral, estes aquíferos são tipicamente mais vulneráveis à seca e à contaminação do que os aquíferos mais profundos.

4.1 Aquíferos Talus de meia encosta (aquífero MST), declive = 5-13^0

A topografia de altitude é caracterizada por encostas íngremes, vales em forma de V e cumes estreitos. O esquema de um declive típico numa topografia deste tipo é apresentado na Figura 16. O tálus ou seixo é um dos produtos conspícuos da meteorização de falésias, escarpas, colinas e encostas de montanhas. É composto por material de grandes dimensões e mantém um declive acentuado, mas permanece temporariamente com um ângulo de repouso e apresenta uma forma global côncava para a encosta da colina. A parte côncava da faceta da encosta retém preferencialmente os detritos caídos da encosta da montanha e ajuda ao crescimento de vegetação densa. Esta parte das encostas é um segmento importante de um ecossistema de montanha, onde há cobertura de solo suficiente para suportar a vegetação de árvores e plantas e proporcionar um habitat para a vida selvagem. Normalmente, os cursos de água de ordem inferior começam nesta parte e a cobertura do solo recolhe a água e liberta-a lentamente através destes cursos. As precipitações que caem nos segmentos de montanha precipitam-se através destas vertentes durante as chuvas fortes e passam por estes cursos de água. Muitas vezes, o grande volume de água recolhido nas armadilhas dentro dos blocos deslizantes e o solo entre eles pode deslizar como movimento de massa de detritos e causar danos nos campos agrícolas e nas povoações. Embora os aquíferos MST não possam ser considerados como uma fonte de água fiável e próxima para as pessoas nas zonas altas, podem funcionar como zona de recarga para os poços na zona baixa e para os cursos de água que correm pelos vales. Por conseguinte, a proteção desta parte mais importante do frágil ecossistema do terreno montanhoso deve ser o principal objetivo de qualquer planeamento na região montanhosa.

4.2 Declive do pé Colúvio Aquífero (FSC-aquífero) declive=3-5^0

O sopé ou a base das colinas são constituídos por materiais erodidos da parte superior e acumulados para formar uma superfície suavemente inclinada chamada colúvio. A espessura deste depósito aumenta em direção à parte distal e, normalmente, interpõe-se com os depósitos aluviais de origem fluvial. Estes depósitos são clastos de tamanho variado, desde calhaus a lama, produzidos por fluxo gravítico, por vezes misturados com material de enchimento de vales ou diretamente confinantes com as margens do canal, especialmente no ambiente a montante. Do ponto de vista hidrogeológico, cada uma destas unidades tem a sua própria forma de justaposição de aquíferos potenciais (areia e cascalho) e aquicludes (lama) em geometrias internas caraterísticas, por exemplo, um poço escavado neste tipo de depósito pode encontrar um grande pedregulho juntamente com clastos mais pequenos, o que coloca problemas de construção de poços

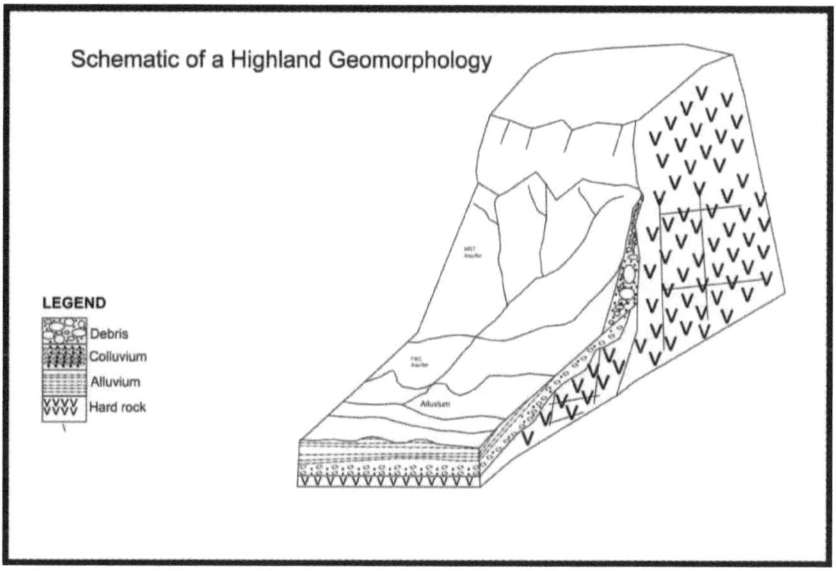

Fig. 16(a) Esquema dos vários Aquíferos Sedimentares Não Consolidados (UNSA) na topografia das terras altas

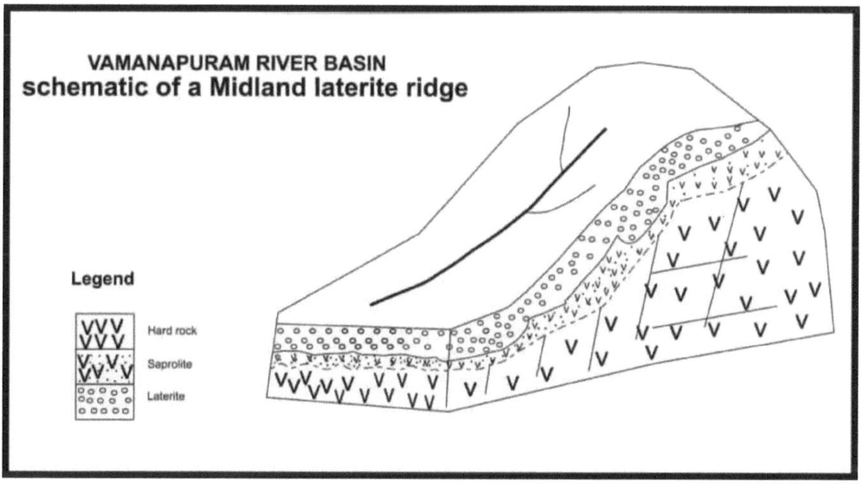

Fig. 16(b) Esquema da topografia do Midland

4.3 Aquífero de aluvião de enchimento do vale (aquífero VFA-), declive = $< 3^{0}$

Em todas as unidades fisiográficas, os vales são de facto os locais potenciais de recursos hídricos subterrâneos. Esta é a razão pela qual as actividades agrícolas necessárias à irrigação são normalmente preferidas nos vales. Como é a parte mais baixa, os sedimentos e a água descem das encostas e os materiais de grão fino tendem a depositar-se aqui. A granulometria do depósito varia em função da alteração das condições de escoamento. Assim, pode haver camadas alternadas de partículas de tamanho fino e grosseiro no aluvião, que determinam o meio de água subterrânea. Normalmente, os vales em terras altas são estreitos e compostos por partículas de tamanho grosseiro na cabeceira do vale, mas em direção à parte distal tornam-se mais largos, mais espessos e de tamanho mais fino. Os aquíferos VFA são a fonte fiável de água superficial e subterrânea na região das terras médias e altas. A distribuição do VFA é mostrada nas Figs. 13 - 15. No entanto, a porção de preenchimento do vale no VRB não inclui as depressões na zona do frontão.

4.4 Aquífero Laterítico (aquífero LA)

A paisagem de Kerala é classicamente ondulada, com colinas e vales, com a única exceção, provavelmente, da parte baixa da terra. A altitude das colinas aumenta para leste. Poucas excepções são observadas no centro da VRB, onde existe uma cadeia estrutural de colinas com uma tendência NW-SE. Quase todas as colinas do centro e partes da FHZ são cobertas por laterite. Todos os poços domésticos abertos são escavados nesta tampa laterítica. A Figura 16 (b) mostra um esquema de uma crista de laterite. Devido à combinação peculiar de material formado a partir da meteorização química de rochas-mãe como a khondalite, o gnaisse ou a charnockite, a laterite pode absorver a água da precipitação e move-se lentamente para baixo e a parte abaixo de uma certa profundidade fica saturada. O produto secundário formado pela meteorização química é constituído por partículas finas de argila (caulinite) revestidas de óxido de ferro e partículas grosseiras de sílica (quartzo), ferro (gibbsita, goethita) e alumínio (bauxite).

Fig. 17 Perfil laterítico

Devido a esta combinação de matéria mineral, a laterite apresenta um vasto meio textural de acordo com a abundância relativa destes minerais a diferentes profundidades. A parte superior do perfil laterítico é normalmente muito lixiviada e tem uma textura vesicular. A parte inferior é composta por mais fases minerais secundárias precipitadas e com partículas mais finas, maioritariamente argilas (Fig. 17). As águas subterrâneas que ocorrem na zona laterítica estão em condições não confinadas. A profundidade do lençol freático depende da espessura do perfil laterítico em si.

4.5 Aquíferos de leito rochoso

Os aquíferos de leito rochoso podem ser divididos em leito rochoso duro (HRB) e leito rochoso mole (SRB). Os HRB não têm porosidade e permeabilidade, pelo que não podem ser classificados como aquíferos. No entanto, existem vários poços perfurados em HRB que captam água subterrânea. Nesses locais, as HRB possuem porosidade secundária, como fracturas e juntas, que estão interligadas de modo a que haja um fluxo suficiente de água das zonas saturadas. A Figura 18 (a) & (b) apresenta um esquema de tais condições na HRB. As SRBs são rochas sedimentares que são bons aquíferos, ocorrem como Formação Terciária apenas numa área restrita no segmento costeiro. Uma condição distinta de HRB é observada em certa parte, onde há um relevo relativamente mais elevado e ocupado por colinas residuais de laterite onde, após uma profundidade de cerca de 10m de laterite, são encontradas pedras de núcleo e um furo que penetre na pedra de núcleo pode passar através da zona de laterite macia saturada. Este tipo de condição ocorre devido à meteorização diferencial das rochas-mãe duras.

A porosidade cinemática em rochas duras é muito pequena, normalmente muito inferior a 0,05% (Olofsson et al. 2000); por conseguinte, na prática, apenas uma pequena parte da recarga potencial pode ser armazenada. No solo, contudo, a porosidade cinemática (frequentemente semelhante à porosidade efectiva) é cem (na laterite) a mil (na areia) vezes superior, ou seja, uma camada de 1 dm de espessura de areia saturada bem selecionada pode conter tanta água drenável como uma sequência de cem metros de espessura de rocha cristalina dura. Nas zonas de afloramentos nus, esta é uma limitação fundamental para a extração de água subterrânea. Uma vez que a maior parte da extração anual nestas áreas específicas se concentra no verão, os recursos hídricos subterrâneos são fortemente pressionados durante este período

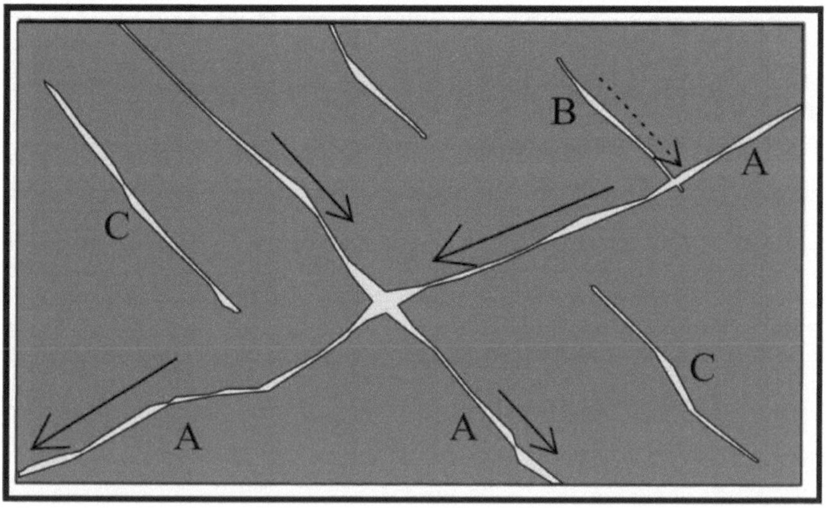

Fig.18 (a) Fracturas em rocha dura: A= drenável, com fluxo. B= drenável, sem fluxo C= não drenável, sem fluxo (Olofssonet al.2000)

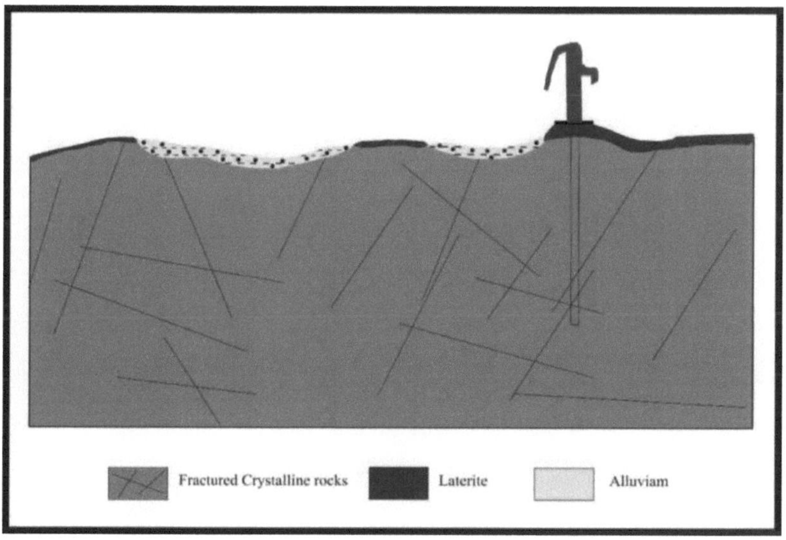

Fig. 18(b) Esquema de uma secção transversal de uma área de rocha dura e a natureza do rendimento GW num poço perfurado

4.6 Inventário de poços e estado das águas subterrâneas em VRB

Um hidrogeólogo que monitoriza o nível do lençol freático numa área sob investigação a intervalos regulares deve conhecer a resposta do aquífero à recarga e à descarga. Uma vez que a área é um terreno de rocha dura e a água subterrânea está confinada apenas nos espaços porosos da rocha intemperizada e dos sedimentos soltos que são transportados e depositados, o volume de água disponível depende do volume dos espaços porosos, que é novamente um fator de espessura desse material. Como ocorre numa condição não confinada, a direção e a velocidade do fluxo de água subterrânea dependem da carga hidráulica e da inclinação do terreno até que o ângulo de inclinação atinja um determinado ponto limite.

Neste estudo, foram monitorizados cerca de 61 poços, abrangendo três gramapanchayath, nomeadamente Vithura, Peringamala e Nandiyode. A maioria dos poços escavados penetrou no perfil laterítico. O poço mais profundo tem cerca de 20 m, tendo percorrido quase toda a profundidade da zona de laterite. Quanto mais profunda for a zona intemperizada, mais profundo será o lençol freático, tal como se verificou nos poços de observação. Na zona do sopé e na parte alta da terra, a espessura do manto intemperizado é pouco profunda e, por conseguinte, os poços são pouco profundos. Mas estes poços secam cedo no verão, exceto alguns poços mais próximos da corrente principal de Vamanapuram. As razões para a sustentabilidade dos poços em zonas meteorológicas pouco profundas e profundas são discutidas separadamente. Os poços podem ser agrupados em três categorias, de acordo com a sua posição em relação às unidades fisiográficas: vales, encostas e topo de colinas. A profundidade do lençol freático nos vales (av= 1,97+/-0,58) e na encosta é de 7,48+/-1,51. A coluna de água em cada uma das unidades fisiográficas no vale (1,81+/-.46), na encosta (1,8+/-0,71) e no topo da colina (1,51+/-0,85). Note-se que, durante abril/maio de 2015, se registaram chuvas fortes, como revelam os dados de precipitação recolhidos do IMD (Tabela 1). Na estação de medição de Nedumangad, o registo de precipitação mostra que a precipitação foi de 334 mm, o que é muito superior ao registo dos anos anteriores (ver Tabela 1). A elevada precipitação durante abril/maio de 2015 reflecte-se nos dados da coluna de água dos poços em todas as zonas fisiográficas dos poços de observação. A Tabela 5 apresenta as tendências do nível de água de abril/maio a fevereiro/março (2016), em poços selecionados. A Tabela 6 apresenta as médias dos parâmetros dos poços nas zonas fisiográficas, VRB. A Tabela 7 apresenta os dados dos poços de parte da VRB do Midland. A Fig. 19(a&b) mostra a relação entre a profundidade do poço e a coluna de água na VRB. A Fig. 20 mostra a distribuição espacial dos poços de observação.

Tabela 5 Tendências do nível da água de abril/maio a fevereiro/março (2016), em poços selecionados

Wells	Items	Ap/M	J/J	O	Dec	Feb/M	TD
	DTW (m)	2.7	2.6	2.5	2.6	2.85	3.9
VB1 (valley)	WC(m)	1.2	1.3	1.4	1.3	1.05	
	diff(m)		0.1	0.1	-0.1	-0.25	
	%						
	sat.zone	31	33	36	33	27	
VB2(L.slope)	DTW	7	4.9	4.9	5.5	6.75	9.6
	WC	2.6	4.7	4.7	4.1	2.85	
	diff		2.1	0	-0.6	-1.25	
	%sat.zone	27	49	49	43	29	
VB3(U.Slope)							
	DTW	10.8	8.7	7.4	8.5	10.45	12
	WC	1.5	3.3	4.6	3.5	1.55	
	dif		1.8	1.3	-1.1	-1.95	
	%sat.zone	13	28	38	29	13	
VB4(H.Top)							
	DTW	12	11.5	10.1	10.9	12.9	13.4
	WC	1.4	1.9	3.3	2.5	0.5	
	diff		0.5	1.4	-0.8	-2	
	%sat.zone	10	14	25	19	4	

Tabela 6 Médias dos parâmetros dos poços nas zonas fisiográficas, VRB

Phys. Unit	TD	DTW	WC	%SZ,April	%SZ,July
Valley	5.03+/-1.55	1.97+/-0.58	1.81+/- 0.46	35	52
Slope	9.23+/-1.46	7.48+/-1.51	1.80+/- 0.71	19	27
H.top	14.69+/- 2.95	13.31+/- 2.62	1.51+/- 0.85	10	20

Foi efectuada uma monitorização detalhada do estado das águas subterrâneas num monte laterítico para conhecer o comportamento dos níveis de água desde a parte do vale até à crista do cume na parte central de Kerala. A elevação média do monte de laterite (120m msl) foi estudada para este fim. O vale é mais ou menos plano e atualmente convertido em plantações mistas (Fig. 21) e a encosta adjacente é íngreme e profundamente lateralizada. Foram instalados quatro poços do vale até à crista do cume (VB1 a VB4) para registar o nível da água (Quadro 5). A variação da coluna de água entre os meses de registo, nomeadamente abril/maio, junho/julho, outubro, dezembro e fevereiro de 2016, é apresentada na Tabela 5. A variação do nível da água está relacionada com a variação da precipitação. A tendência de subida ou descida do nível da água (Tabela 5) depende da taxa de precipitação (Tabela 1). Verifica-se que há uma subida do nível da água de junho a outubro, concomitantemente com as monções. A partir de outubro, verifica-se um declínio lento. A partir de dezembro, a precipitação diminui e, consequentemente, o nível da água desce. O nível da água no final do mês de fevereiro é registado e mostra que há uma queda de 25 cm no poço no vale, 1,25 m na encosta inferior, 1,95 m na encosta superior e 2 m no poço no topo da colina. Nos poços da encosta inferior e da encosta superior há uma coluna de água de 2,85 e 1,05 m, respetivamente. No topo da colina, o poço de observação retém apenas 0,5 m de coluna de água no mês de fevereiro de 2016. Isto mostra claramente que a água subterrânea desce rapidamente do topo da colina para o lado descendente se não houver queda de chuva para substituir a descarga de água por fluxo de gravidade do topo da colina.

Quadro 7 Dados dos poços de parte do VRB do Midland

Sl. No	Depth to water table		, M			TD	P		Remarks
	Apr/May	Jul	Oct	Dec	Feb/Mar				
VB 1	2.7	2.6	2.5	2.6	2.85	3.9	0.7	Valley head	Anganvadi
VB 2	7.0	4.9	4.9	5.5	6.75	9.6	0.7	Slope	
VB 3	10.8	8.7	7.4	8.5	10.45	13.0	0.7	U.slope	cattle shed
VB 4	12.0	11.5	10.1	10.9	12.9	13.4		Ridge crest	
VB 5	9.2	8.3	7.5	8.5	9.4	10	0.7	U.slope	rocky bottom
VB 6	8.2		7.5	7.2	8.2	8.3	0.7	R.crest	Do
VB 7	9.6					10.6	0.7	Top	Do
VB 8	6.1					9.0	0.7	M.slope	laterite
VB 9	8.7					11.0	0.7	u.slope	
VB 10	3.7					7.0	0.5	Slope	dry up summer
VB 11	6.3					6.8	0.9	Slope	
VB 12	3.7					5.5	0.7	Valley	
VB 13	2.5	2	2.1	2.2	2.8	4.5	0.7	Valley	
VB 14	9.8					10.4	0.7	U.slope	
VB 15	5.9	6.2	5.3	5.7	6.9	9.5	0.7	m.slope	
VB 16	9.5	8.8	8.4	8.5	9.1	11.7	0.7	U.slope	laterite
VB 17	4.0					6.0	0.7	Slope	laterite
VB 18	2.4	2.1	2	2.2	2.5	5.5	0.7	valley, theviod	
VB 19	1.9	1.8	1.7	1.9	2.3	3.2	0.7	valley, theviod	
VB 20	5.1					8.1	0.7	Slope	
VB 21	7.3					11.0	0.7	Slope	laterite
VB 22	1.1	0.9	0.9	0.8	1.8	3.6	0.7	Valley	laterite
VB 23	1.1	0.9	0.7	0.8	1.6	3.6	0.7	Valley	laterite
VB 24	4.7					7.7	0.7	Slope	laterite
VB 25	9.3					9.8	0.7	u.slope	laterite
VB 26	6.8					8.8	0.7	m.slope	laterite
VB 27	5.3					11.3	0.7	U.slope	laterite
VB 28	8.9					10.4	0.7	U.slope	laterite
VB 29	6.3					7.3	0.7	Slope	laterite
VB 30	8.4					9.9	0.7	Slope	laterite
VB 31	5.3		5.2	5.4	6.4	7.3	0.7	Valley	near VR
VB 32	3.9		2.8	4.2	4.7	5.9	0.7	Valley	near VR
VB 33	2.1					5.7	0.7	Valley	laterite
VB 34	5.4					6.4	0.7	Slppe	laterite
VB 35	6.3	6.1		6	6.6	7.8	0.7	Slope	laterite

VB 36	12.2					14.2	0.7	R.crest	laterite
VB 37	21.4	16.8			17.8	25.0	0.7	R.crest	laterite
VB 38	6.3			5.9	6.6	7.3	0.7	Slope	laterite
VB 39	5.5					7.5	0.7	Slope	
VB 40	6.5	7.2		7.4	7.5	8.7	0.7	Slope	laterite
VB 41	9.2	8.7		8.8	10.4	10.2	0.7	Slope	laterite
VB 42	6.1	6.9			7.3	8.1	0.7	Slope	laterite
VB 43	11.7	9.8			10.5	12.7	0.7	R.crest	laterite
VB 44	8.4					9.4	0.7	Slope	laterite
VB 45	9.0			8.5		9.5	0.7	Slope	laterite
VB 46	2.8	1.8		1.8		4.3	0.6	Valley	laterite
VB 47	1.5	2.3		2.8		2.7	0.8	Valley	
VB 48	1.7	1.7				2.8	0.8	Valley	laterite
VB 49	1.1	0.9		0.9		3.6	0.7	Valley	laterite
VB 50	2.2					4.2	0.7	Valley	laterite
VB 51	3.4					5.9	0.7	Slope	laterite
VB 52	5.6					7.6	0.7	Slope	laterite
Vb 53	11.9					13.9	0.7	u.slope	laterite
VB 54	8.9					10.9	0.7	m.slope	laterite
VB 55	13.0					14.0	0.7	ridge crest	laterite
VB 56	0.6					2.6	0.6	Valley	
VB 57	1.7	2.8				4.2	0.8	Valley	laterite
VB 58	1.8	2.4				4.7	0.6	Valley	laterite
VB 59	6.3					7.8	0.7		laterite
VB 60	11.0					13.0	0.7		laterite
VB 61	1.7					4.7	0.9	valley	laterite
VB 62	8.0					9.0	0.8		laterite
VB 63	8.6					11.1	0.8		laterite
VB 64	3.1					5.1	0.8		laterite

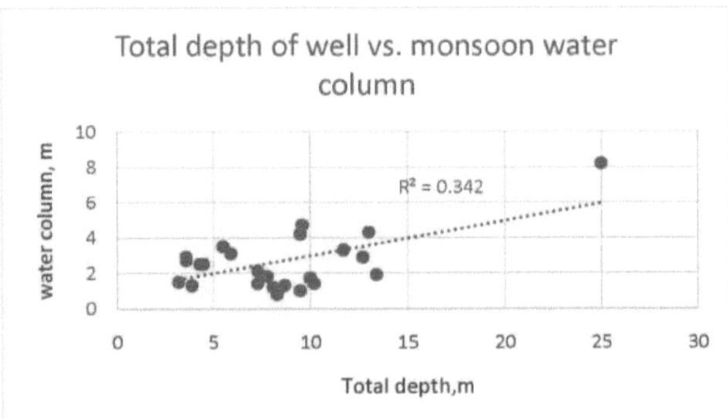

Fig. 19(a) Relação entre a profundidade do poço e a coluna de água da Monção em VRB

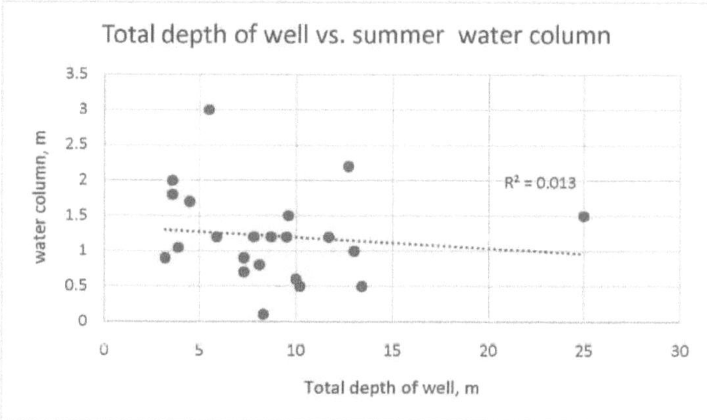

Fig. 19(b) Relação entre a profundidade do poço e a coluna de água de verão em VRB

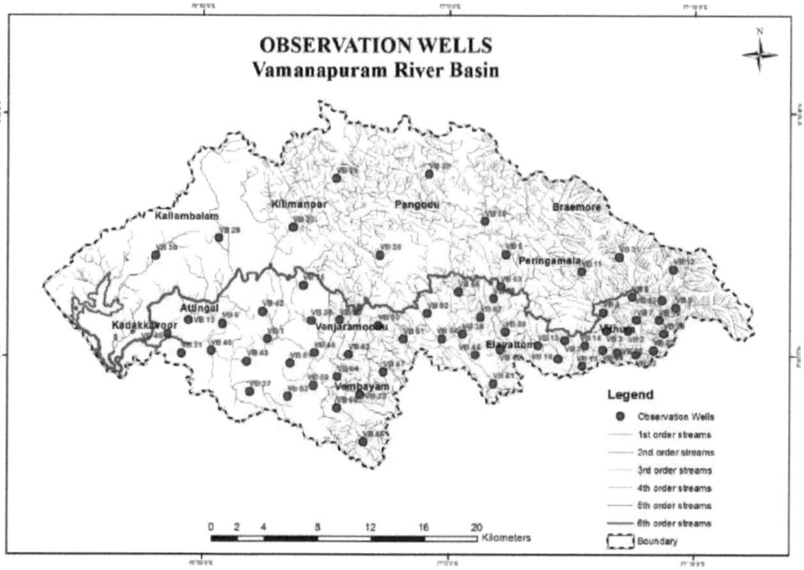

Fig. 20 Distribuição espacial dos poços de observação

Fig. 21 Vista panorâmica do vale que está a ser convertido em plantação de coqueiros

4.7 Topografia Vs. Zona de saturação

Os vales e as colinas são as caraterísticas topográficas mais marcantes de Kerala. De um modo geral, todas as classes fisiográficas, nomeadamente as terras baixas (0-30 m), as terras médias (30-200 m), a zona de sopé das colinas (200-600 m) e as terras altas (600-2500 m), incluem vales e colinas de natureza diversa. Nas terras baixas, os vales são largos e amplos, as colinas são isoladas e profundamente lateralizadas até 25m. As terras médias são tipicamente onduladas, com vales e cumes amplos e abertos de elevação variável e maioritariamente habitadas como as terras baixas, devido à fácil acessibilidade das fontes de água para beber e para a agricultura. Os elementos topográficos típicos da região das terras médias são o fundo do vale, as encostas e o cimo das colinas. Em todas estas unidades, as pessoas instalam-se e dependem de poços abertos para uso doméstico.

Para o presente estudo foram selecionados 64 poços para registo do nível de água (ver Fig. 20) e cada um deles pode ser localizado numa das três unidades fisiográficas mencionadas (Quadro 6). A coluna de água média e a percentagem de zonas saturadas em cada uma das três unidades para abril/maio e julho (monção) são apresentadas no Quadro 6. A coluna de água da monção e a coluna de água do verão em relação à profundidade total dos poços são apresentadas na Figura 19(a & B), que mostra que existe uma correlação positiva entre a profundidade total e a coluna de água da monção e uma relação inversa com a coluna de água do verão. O efeito cumulativo da precipitação durante o período da monção aumenta a espessura saturada se houver uma zona meteorológica espessa. No entanto, à medida que a precipitação diminui, a espessura da zona saturada reduz-se mais rapidamente na zona do topo da colina, devido ao escoamento da água de uma elevação mais elevada para uma elevação mais baixa, gradualmente em direção à encosta, da encosta superior para a encosta inferior. A coluna de água máxima será retida nas encostas em L. durante mais tempo no período de verão do que noutros elementos fisiográficos, exceto nos vales. Os vales apresentam uma coluna de água mais ou menos uniforme ao longo do ano, exceto, naturalmente, no pico do verão. A espessura média da zona saturada nos vales no verão é de 30-35% e durante a monção é de 52%. Mas há alguns locais onde a espessura saturada atinge quase 80% na monção. O topo das colinas tem uma espessura saturada de 10% e 20% no verão e na monção, respetivamente, enquanto nas encostas (tanto inferiores como superiores) a zona saturada tem uma espessura média de 19 e 27% no verão e na monção, respetivamente.

CAPÍTULO 5

TAXA DE INFILTRAÇÃO DOS SOLOS

Richard (1954) e a Soil Science Society of America (1956) definiram a infiltração como a entrada descendente de água no solo. A infiltração refere-se ao processo pelo qual a água da chuva passa através da superfície do solo e ocupa os poros do solo subjacente. A infiltração depende do estado físico-químico dos sedimentos e das caraterísticas hidráulicas da água nesses sedimentos. Ambas podem mudar com o tempo (Johnson 1963). De acordo com a Soil Science Society of America (1956), a velocidade de infiltração é o volume de água que se move para baixo na superfície do solo por unidade de área por unidade de tempo e tem as dimensões da velocidade (Richards 1952). A velocidade máxima de infiltração é igual à taxa de infiltração. A taxa de infiltração é expressa em polegadas por hora ou centímetros por hora. Muitos factores afectam a taxa de infiltração, tais como a textura e a estrutura do sedimento/solo, a permeabilidade do sedimento/solo, a condição da superfície do sedimento, a distribuição da humidade do solo, a natureza química e física da água, a altura da água aplicada, a profundidade da água subterrânea, o período de tempo de aplicação da água, a atividade biológica, a temperatura da água e dos sedimentos, a percentagem de ar aprisionado nos sedimentos e a pressão atmosférica e o tipo de equipamento ou método utilizado (Powers 1934; Musgrave e Free 1937; Free et al. 1940 e Johnson 1963). A superfície e a subsuperfície do solo controlam a taxa de infiltração. A condição da superfície determina a disponibilidade de água, enquanto a condição da subsuperfície governa a capacidade da água disponível para se infiltrar. Quanto mais baixo for o teor de humidade inicial do solo, maior será a taxa de infiltração inicial. A taxa é rápida através de grandes poros contínuos na superfície do solo e torna-se lenta à medida que os poros se tornam mais pequenos (Chidambaram 2013). Joseph e Williams (1998) estimaram a taxa de infiltração na zona vadosa. Sharma et al. (2005), trabalharam na determinação da taxa de infiltração na área de comando da barragem de Chitaurgarh, U.P. Singh e Bhakar (2004) estudaram a comparação de equações de infiltração para diferentes coberturas de solo.

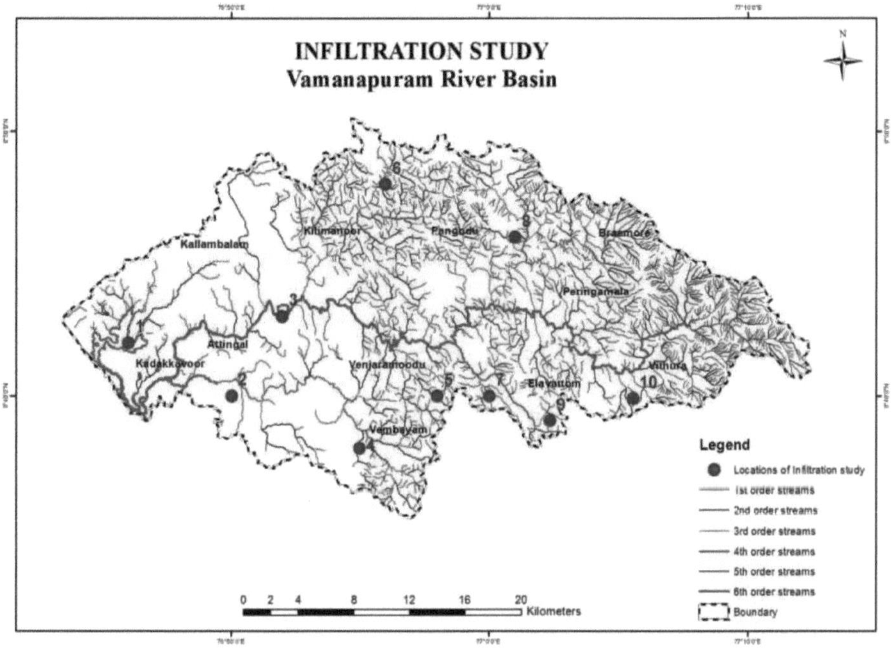

Fig. 22 Locais onde foram efectuados ensaios de infiltração

Foram efectuados testes de infiltração em 10 locais (Fig. 22) para compreender a taxa de infiltração dos solos. Oito localizações situam-se em terrenos sedimentares e cinco localizações em terrenos cristalinos. Foi utilizada a técnica bem conhecida do método do infiltrómetro de anel duplo para determinar a taxa de infiltração dos solos em VRB. As figuras 23 (a) e (b) mostram os gráficos de dispersão e as curvas de regressão para as taxas de infiltração em função do tempo para as 10 localizações.

Resultados e discussão

A taxa de infiltração dos solos em VRB é apresentada na Tabela 8. Observou-se que a taxa de infiltração em terreno sedimentar é mais elevada, 29,98, e em terreno cristalino, 6 a 26,63 cm/h. O sul, sudeste e parte do sector oeste da bacia são as zonas de maior infiltração. As zonas de taxa de infiltração moderada ocupam a maior parte da bacia no sector central e norte. A baixa taxa de infiltração pode dever-se à presença de uma capa laterítica dura e impermeável sobre o leito rochoso.

Tabela 8 Taxa de infiltração dos solos em VRB

Location	Place	Infiltration rate (cm/hr)	Remarks
1	Chirayinkil	29.98	Coastal alluvium
2	Attingal	24.75	Alluvium
3	Venjaramudu	24.60	Laterite soil
4	Nagarur	26.63	Laterite soil
5	Kilimanur	14.18	Laterite soil
6	Kallara	7.20	Laterite soil
7	Pangode	10.80	Laterite soil
8	Kallar	6.00	Hill soil
9	Palode	18.60	Forest soil
10	Vithura	22.00	Forest soil

A classificação da taxa de infiltração para irrigação de superfície é apresentada no Quadro 9 (Landon, 1991). De acordo com a classificação de Landon (1991), a maioria dos locais não é adequada para a irrigação de superfície devido à rápida taxa de infiltração. A Tabela 10 apresenta a adequação da água para irrigação com base na taxa de infiltração.

Tabela 9 Grau de taxa de infiltração para irrigação de superfície (segundo Landon, 1991)

Basic infiltration rate (cm/hr)	Suitability for surface irrigation
< 0.1	Unsuitable (too slow) but suitable for rice
0.1 - 0.3	Marginally suitable (too slow); marginally suitable for rice
0.3 - 0.7	Suitable; unsuitable for rice
0.7 - 3.5	Optimum
3.5 - 6.5	Suitable
6.5 - 12.5	Marginally suitable (too rapid). Small basins required
12.5 - 25.0	Suitable only under special conditions. Very small basins required.
>25	Unsuitable (too rapid); recommended for overhead methods only.

Quadro 10 Adequação da água para irrigação com base na taxa de infiltração

Location	Place	Suitability for surface irrigation	Remarks
1	Chirayinkil	Unsuitable (too rapid); recommended for overhead methods only	Coastal alluvium
2	Attingal	Marginally suitables.	Laterite soil
3	Venjaramudu	Marginally suitable.	Laterite soil
4	Nagarur	Unsuitable (too rapid); recommended for overhead methods only.	Laterite soil
5	Kilimanur	Suitable only under special conditions.	Laterite soil
6	Kallara	Marginally suitable (too rapid).	Laterite soil
7	Pangode	Marginally suitable (too rapid).	Laterite soil
8	Kallar	Suitable	Hill soil
9	Palode	Suitable only under special conditions.	Forest soil
10	Vithura	Suitable only under special conditions.	Forest soil

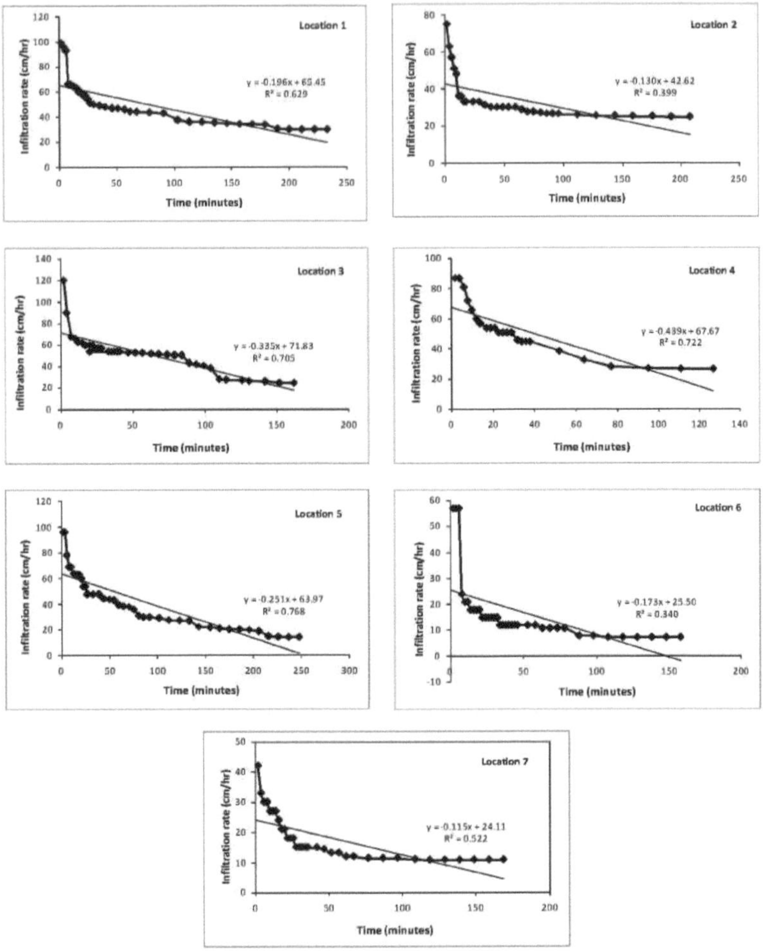

(a)

Fig. 23(a) Gráficos de dispersão e linhas de regressão para os locais 1 a 7 mostrando as relações entre as taxas de infiltração e o tempo

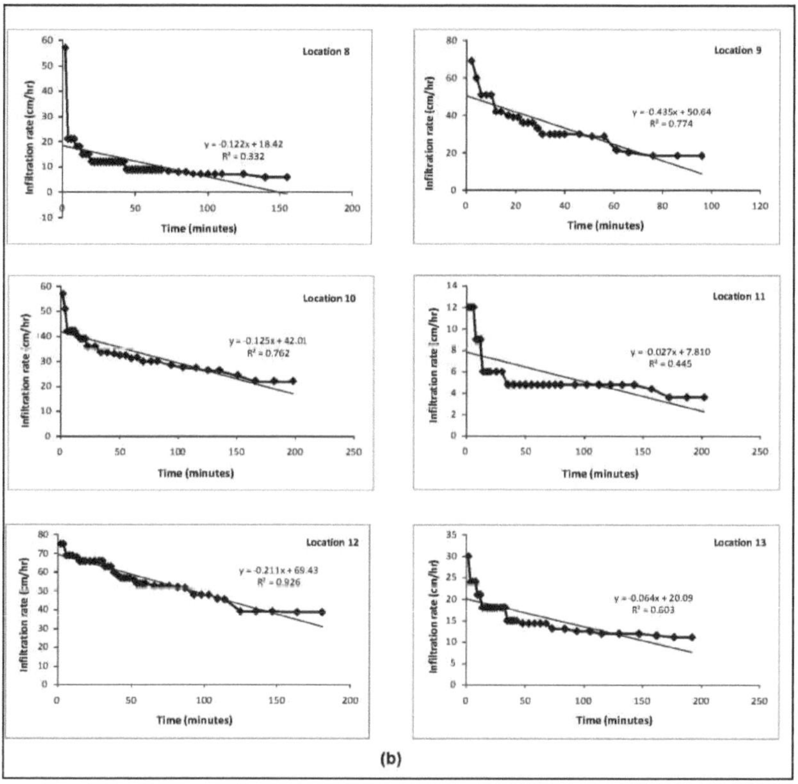

Fig 23(b) Gráficos de dispersão e linhas de regressão para os locais 8 a 13 mostrando as relações entre as taxas de infiltração e o tempo

CAPÍTULO 6

ORÇAMENTO DAS ÁGUAS SUBTERRÂNEAS NO VERÃO Vs.

Num terreno irregular de rocha dura como o de VRB, a ocorrência de água subterrânea depende principalmente da frequência da precipitação, da espessura do material intemperizado e da inclinação do terreno. As encostas mais baixas são compostas por material aluvial e coluvial, que é uma mistura de partículas de grão fino numa matriz grosseira. O rendimento específico deste tipo de material é de cerca de 10-15%. Por conseguinte, os locais com declives baixos e planícies são considerados como a parte mais adequada para a ocorrência de águas subterrâneas numa topografia irregular. Usando a imagem SRTM DEM, a área circundada por um ângulo de inclinação <5 e 5 a 10 foi demarcada para calcular o armazenamento de água subterrânea em áreas de declive inferior e regiões de declive médio.

Área total da bacia hidrográfica=772.32 km2

Segmento 1: Área com < 5 graus de inclinação=188,42 km2

Segmento 2: Área com declive de 5-10 graus= 275,77 km2

Segmento 3: Área com > 10 graus de inclinação = 306 km2

A distribuição da área em cada ângulo de declive é apresentada nas Figuras 24 (a) e (b). As áreas com declives <5 graus consistem principalmente em aquíferos de enchimento de vales (VFA) e aquíferos de pé de encosta (FSA). A área total desta categoria é de 188 km2, principalmente na parte ocidental, exceto as colinas residuais com tendência NW- SE no meio da bacia (Fig. 24 a.). A profundidade média do lençol freático nesta categoria é de cerca de 5 m e a flutuação do lençol freático é de 3 m. A coluna de água durante o pico do verão é de 0,5 m a 1,0 m apenas no pico do verão, mesmo nesta zona. O armazenamento de água subterrânea disponível nesta zona pode ser calculado da seguinte forma e o armazenamento de água em diferentes segmentos e a demanda são mostrados nas figuras

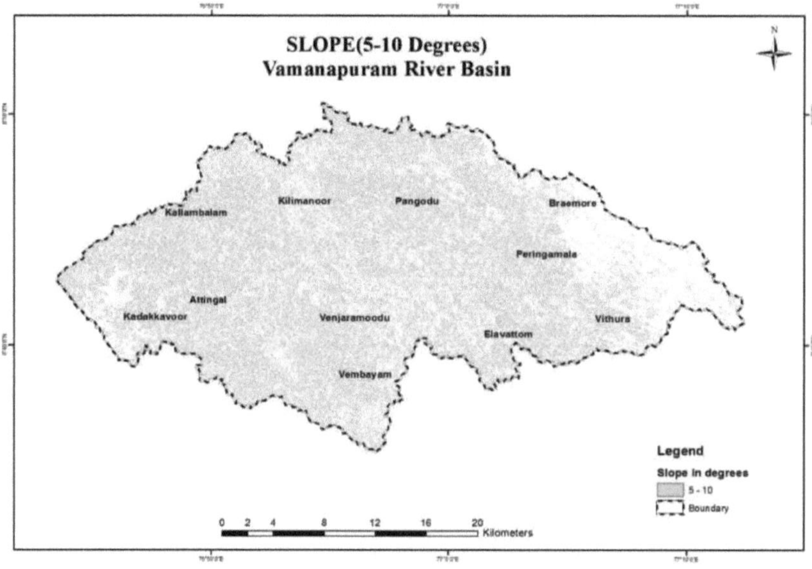

Fig. 24(a) Mapa de declives de VRB, mostrando as zonas com declives de 5-10^0

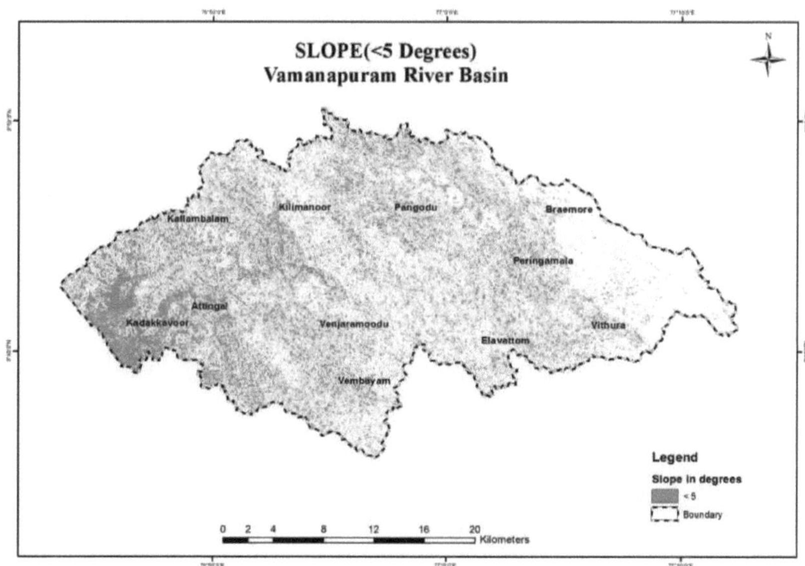

Fig. 24(b) Mapa de declives de VRB mostrando as zonas com declive <5^0

6.1 Segmento 1: VFA +FSC

- Área com < 5^0 declive = 188 Km^2
- Precipitação durante os meses de verão (março-maio) = 126 mm

  (Precipitação média de 2010-2015 da estação de Nedumangadguage, quadro 1)
- Profundidade média da coluna de água durante os meses de verão na zona com <5^0 declive = 0,75m (Quadro 6)
- Coeficiente de armazenamento do aquífero VFA e FSC = 0,1
- Av. População nesta zona = 900/Km2
- **Armazenamento aproximado de água subterrânea disponível durante o verão,**

Q = Área x espessura média da coluna de água x coeficiente de armazenamento = 188 x 10 m^{62} x 0,75m x 0,1 = 14 x10^6 m^3

Necessidade de água

Assumindo um consumo per capita de 150 lpd para uso doméstico para uma população de aproximadamente 900 / km^2 .

- Necessidade diária = 900 x 188 x 150 = 16.920.000 litros = 25,38 x 10^6 litro = .02538 x 10 m^{63}
- Para três meses, 0,02538 x 10^6 x 90 = 2,284 x10 m^{63}

De acordo com esta estimativa, durante os meses de verão, nos vales e nos contrafortes (área < 5^0 declives) há água suficiente disponível. No entanto, esta quantidade não é garantida durante um longo período de seca, uma vez que uma grande quantidade de água é drenada diariamente para os cursos de água e canais próximos.

6.2 Segmento 2: Aquífero LA de meia encosta

Nas encostas mais altas, o armazenamento está a esgotar-se mais rapidamente devido à infiltração e à utilização diária. Por conseguinte, a secagem precoce de muitos poços ocorre neste segmento. A situação é mais crítica e a estimativa do balanço hídrico na área entre 5^0 e 10^0 é a seguinte

- Área de terreno entre 5^0 e 10^0 declive = 275 Km^2
- Av. Espessura saturada do aquífero (laterite e saprolite) nesta zona durante os meses de verão = 0,5 m (Tabela 6)
- Av. Coeficiente de armazenamento da laterite e das rochas duras parcialmente degradadas =

0,05

- **Disponibilidade de água subterrânea durante o verão nesta zona = (275 x 10^6 m^2 x 0,5**

m x 0,05) = 6,875 x 10 $m^{6\,3}$

Procura de água

Assumindo que a densidade populacional aqui é de 900 / km^2 e que a necessidade doméstica por pessoa é de 150 lpd.

- Necessidade de água por dia = 900 x 150 x 275= 30,937 x 10^6 litro = 37,125 x 10 $m^{6\,3}$
- Para 90 dias, 0,037125 x 10^6 x 90 = 3,34 x 10 $m^{6\,3}$

Embora existam recursos hídricos subterrâneos excedentários (3,535x 10 m^{63}) nesta zona, estes são muito inferiores aos do segmento 1.

6.3 Segmento 3: Aquíferos da vertente superior e do leito rochoso

Da área total da bacia de 772 km^2 , uma área de 306 km^2 situa-se em terrenos com elevado ângulo de inclinação (> 10^0). Esta parte é a área mais crítica no que respeita à disponibilidade de água durante os meses de verão. A espessura saturada do aquífero depende da extensão e da profundidade do material intemperizado. A maioria dos poços seca durante o pico do verão, exceto os que se situam em perfis de laterite espessa, onde a coluna de água mantém 1,0 m. A coluna de água nesta zona varia entre 0 e 1,0 m apenas no verão.

A armazenagem de água subterrânea pode ser estimada da seguinte forma

- Área abrangida por esta zona = 306 Km^2

- Coluna de água Av = 0,1 m
- Coeficiente de armazenamento = 0,03
- **Armazenamento de água subterrânea nesta zona = 306 x 10^0 m^2 x 0,1 m x 0,03 = 0. 918 x 10^6 m^3.**

Procura de água

Assumindo que a população nesta zona é de 700/Km^2, e que a necessidade de água é de 150lpd por pessoa

- Necessidade diária = 700 x150 x 306 = 32,13 x 10^6 litros = .03213 x 10 $m^{6\,3}$.
- Para três meses, 0,03213 x 10^3 x 90 = 2,6917 x 10 $m^{6\,3}$

Assim, a procura de água nesta grande parte da bacia é muito superior à

disponibilidade de água subterrânea durante os meses de verão. A procura de água para as pessoas neste segmento é principalmente satisfeita a partir da fonte no segmento 1 & 2, de onde é transportada manualmente ou por bombagem e por camiões cisterna para os níveis mais elevados. O armazenamento esperado de água subterrânea nos meses de verão em VRB é apresentado na Figura 25.

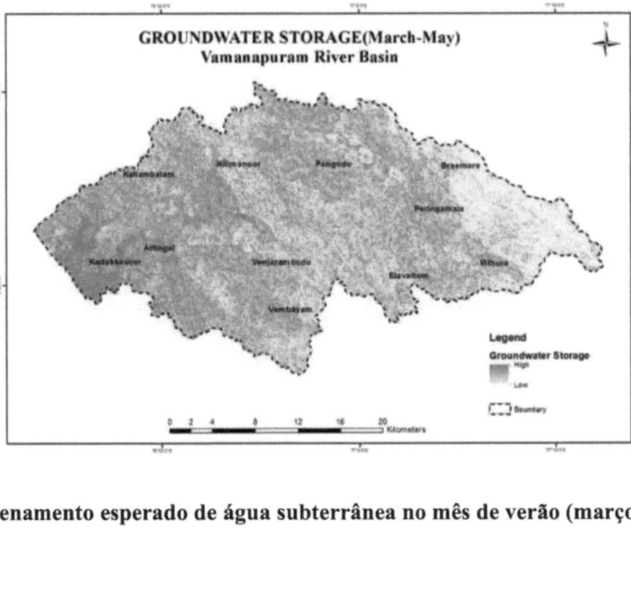

Fig 25 Armazenamento esperado de água subterrânea no mês de verão (março-maio), VRB

CAPÍTULO 7

ZONAS POTENCIAIS DE ÁGUAS SUBTERRÂNEAS - ANÁLISE BASEADA NO SIG

As zonas potenciais de águas subterrâneas da bacia do rio Vamanapuram foram obtidas através da sobreposição dos mapas temáticos em termos de métodos de sobreposição ponderada, utilizando a ferramenta de análise espacial do software ArcGIS 10.3. As camadas temáticas utilizadas para o estudo incluem o declive, a direção do fluxo, o aspeto, a densidade de drenagem, o armazenamento de águas subterrâneas, a procura de água, a precipitação nos meses de verão, a geologia, as LULC, o lineamento, o índice de robustez do terreno, a geomorfologia e o solo. Durante a análise de sobreposição ponderada, a classificação foi dada para cada parâmetro individual de cada mapa temático e os pesos foram atribuídos de acordo com a sua influência (Nagarajan e Singh 2009; Magesh et al. 2012; Mahalingam e Vinay 2015; Nair et al.2017).

7.1 Locais adequados para poços de perfuração

Obviamente, a densidade dos lineamentos tem de ser considerada como um critério importante para a localização de poços, porque a porosidade secundária, como fracturas e juntas, é um pré-requisito importante para a existência de águas subterrâneas profundas em terrenos de rocha dura. A direção do fluxo indica as inclinações do terreno através dos fluxos de água, o que está indiretamente relacionado com as zonas de fratura em áreas de rocha dura. No terreno cristalino, como o dos ghats ocidentais, as caraterísticas topográficas, como os ângulos de inclinação e o aspeto, indicam o grau de robustez. O estado do lençol freático, em terrenos com elevado grau de ondulação sublinhados por rochas cristalinas, depende da espessura da zona meteorológica, ao passo que as fontes de água profunda que se infiltram através das fracturas de rochas duras dependem da frequência das zonas de fratura, como indicado pelo mapa de densidade do lineamento (Fig. 26(d)). Por conseguinte, é dada uma ponderação máxima ao mapa de densidade do lineamento (60%). A direção do fluxo tende geralmente a ser paralela à tendência das zonas de fratura, pelo que a influência deste parâmetro é dada a seguir (20%) à densidade do lineamento. O ângulo de inclinação tem maior peso

(15%) do que o aspeto (05%), embora estes dois parâmetros sejam corolários. As encostas do ghat ocidental são consideradas como resultado do processo de recuo da encosta e, geralmente, as encostas viradas a oeste são mais íngremes do que as encostas viradas a leste. Por conseguinte, é provável que os declives suaves virados para leste sejam dominados por fracturas que contêm água, devido à sua suavidade, do que os declives íngremes virados para oeste. Por conseguinte, é atribuída uma maior probabilidade aos aspectos E e NE. Além disso, a maioria das direcções de fluxo Sul e Noroeste-Sudeste são concomitantes com as zonas de fratura dominantes. A ponderação e a classificação para as diferentes classes de cada parâmetro são apresentadas no Quadro 11 e no Quadro 12. Por conseguinte, estas direcções são consideradas como locais prováveis de zonas de fracturação e, consequentemente, locais de poços (Fig. 27). Todas as outras direcções são consideradas como localizações duvidosas.

Tabela 11Classificação de aptidão para diferentes parâmetros para sítios de poços perfurados.

Scale Values	**Range of suitability**	**Slope(Degree)**	**Aspect**	**Flow Direction**	**Lineament Density(km/km^2)**
1	Un suitable	37.36-64	W, NW	East	0-0.15
2		23.22-37.35	N	North east	0.16-0.43
3		14.39-23.21	SE, S	N, NE	0.44-0.73
4		7.58-14.38	NE,E	SE-W	0.74-1.11
5	Suitable	0-7.57	Flat	S, NW	1.12-2.1

Tabela 12 Influência de vários rasters de entrada para a adequação de locais de poços de perfuração

Input rasters	**Percentage influence**
Slope	15
Aspect	05
Flow Direction	20
Lineament Density	60
Total	100

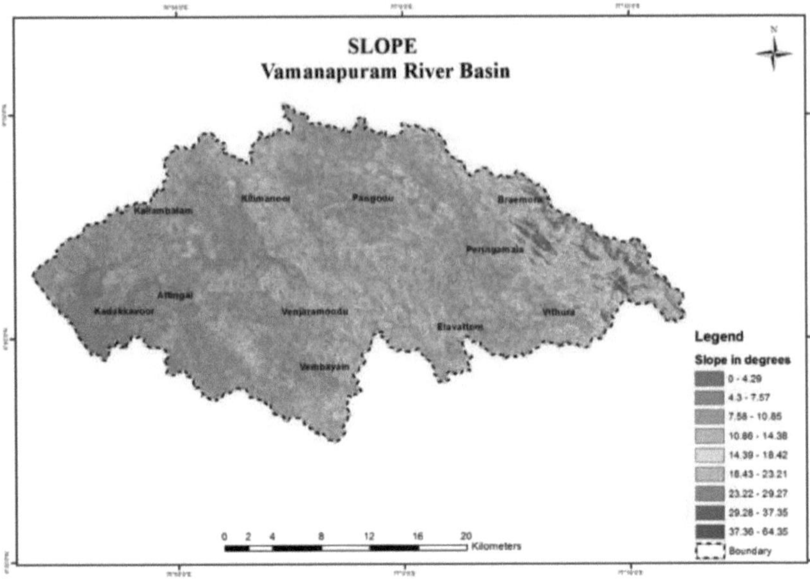

Fig. 26(a) Declive

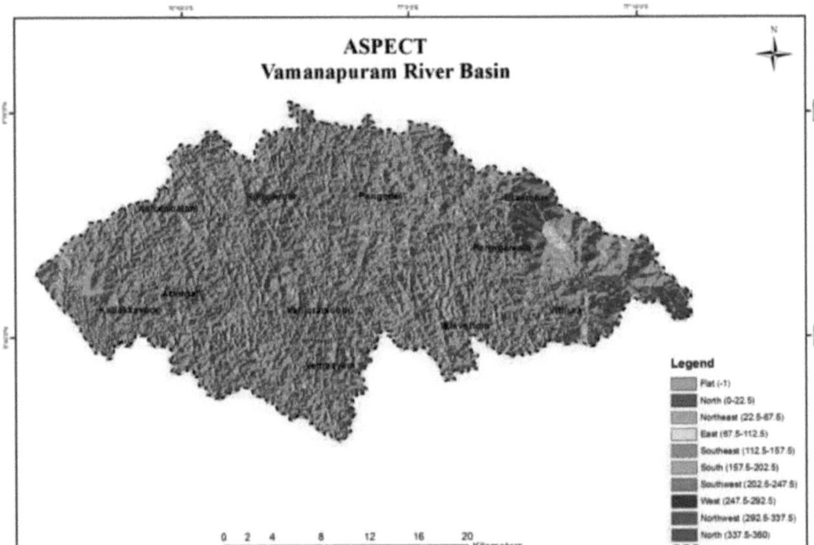

Fig. 26(b) Aspeto

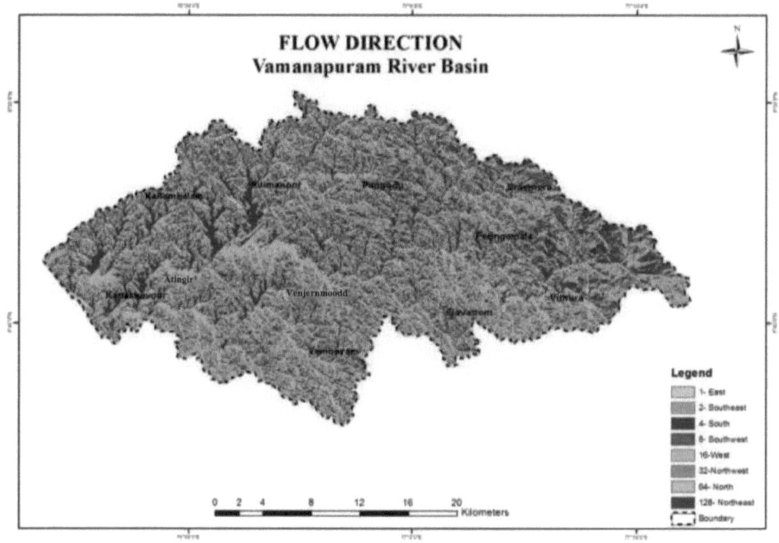

Fig. 26(c) Direção do fluxo

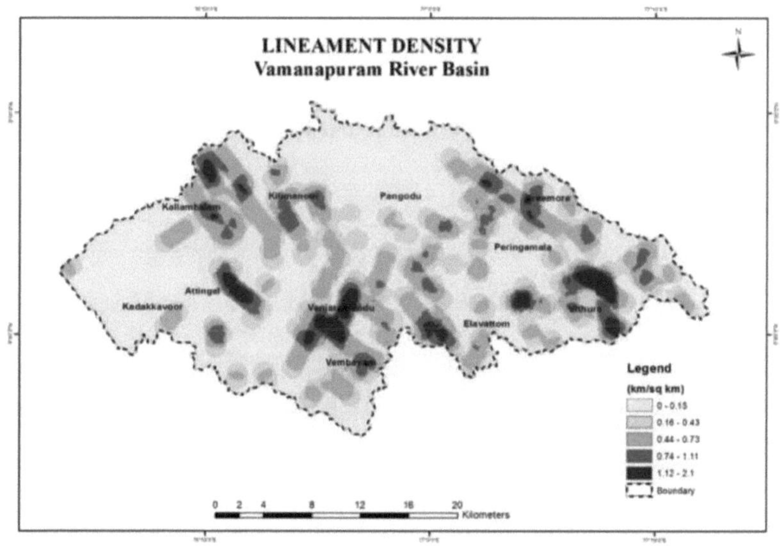

Fig. 26(d) Densidade dos lineamentos

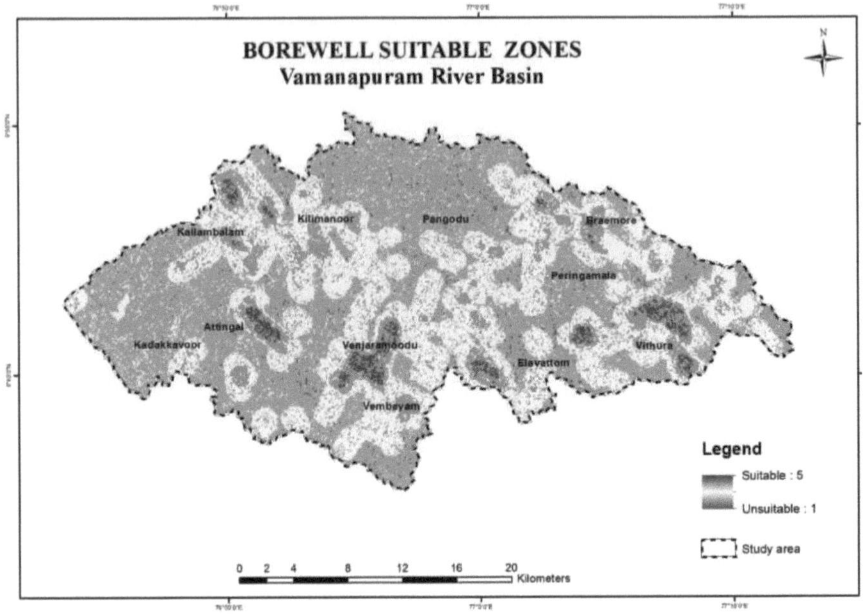

Fig. 27 Mapa gerado pelo SIG de locais adequados para poços de perfuração, VRB

7.2 Integração de SIG para delinear zonas potenciais de águas subterrâneas em VRB

As camadas temáticas para 11 parâmetros (Fig.26 (a-k)), nomeadamente declive, direção do fluxo, aspeto, densidade de drenagem, armazenamento de águas subterrâneas, precipitação nos meses de verão, geologia, LULC, lineamento, geomorfologia e solo, foram integradas na análise SIG para conhecer a aptidão específica do local para zonas potenciais de águas subterrâneas em condições de lençol freático em VRB. A ponderação e a classificação para as diferentes classes de cada parâmetro são apresentadas na Tabela 13. A classificação de cada classe é dada de tal forma que a classificação mais elevada é atribuída a 1 e os factores de menor influência subsequentes são atribuídos a 2, 3, etc. Os factores com maior influência, como o declive, a densidade dos lineamentos e a geomorfologia, são considerados como tendo maior peso.

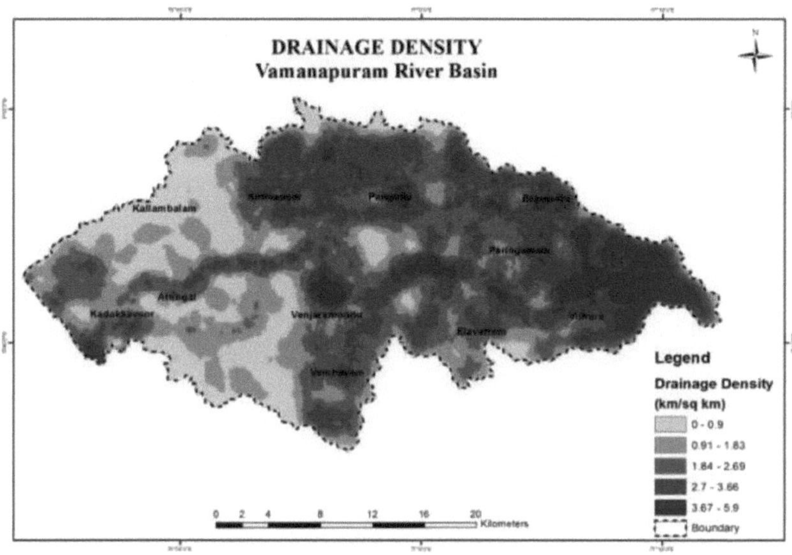

Fig. 26(e) Densidade de drenagem

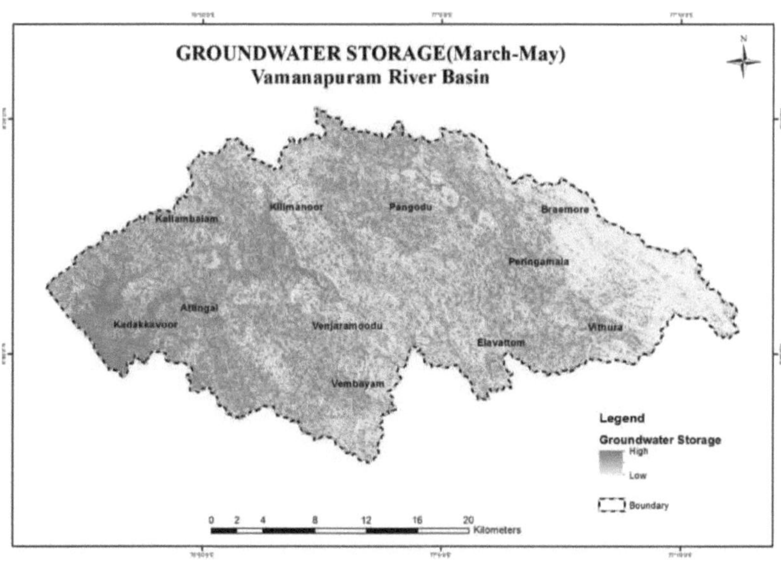

Fig. 26(f) Armazenamento de água subterrânea (março-maio)

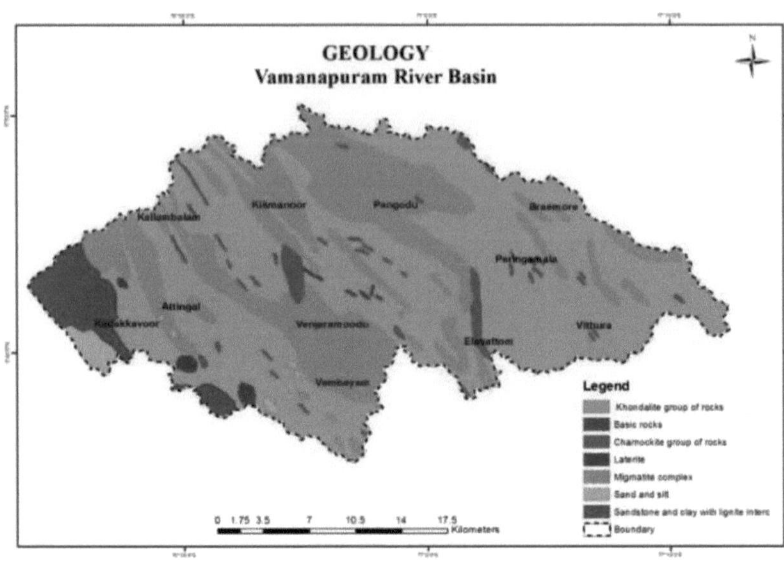

Fig. 26(g) Geologia

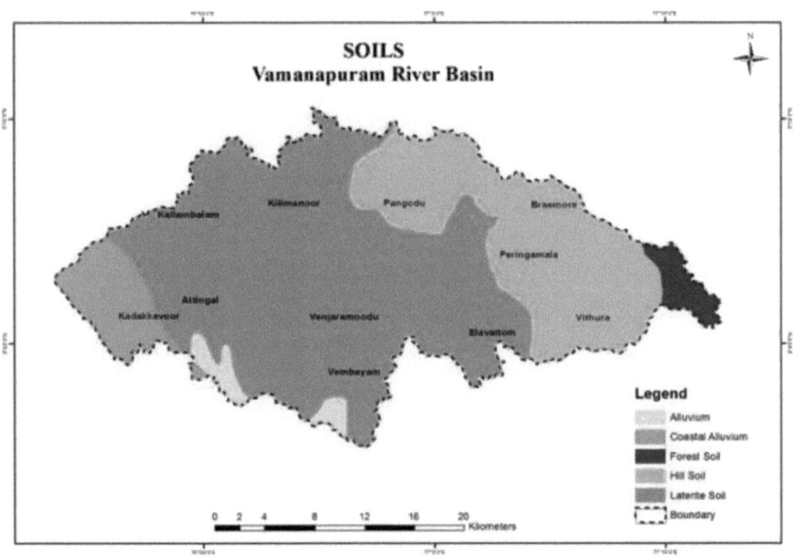

Fig. 26(h) Solos

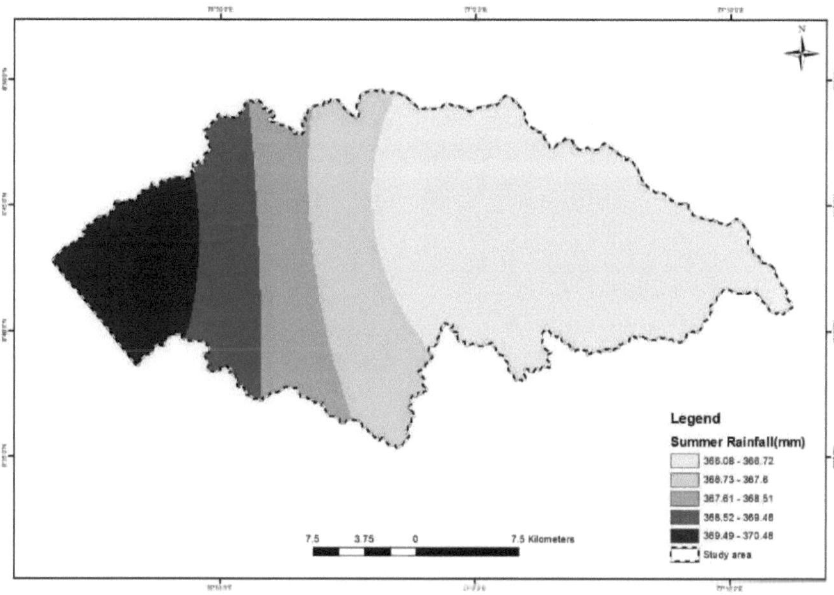

Fig. 26(i) Precipitação (março-maio)

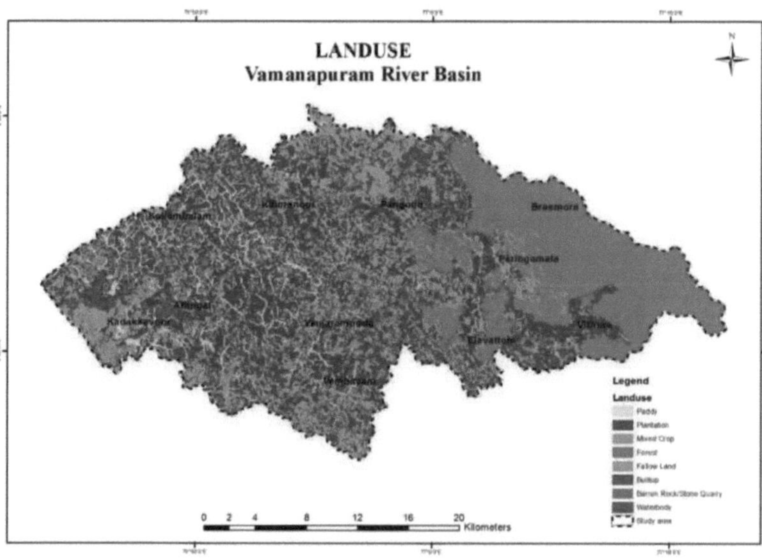

Fig. 26(j) Uso do solo (LULC)

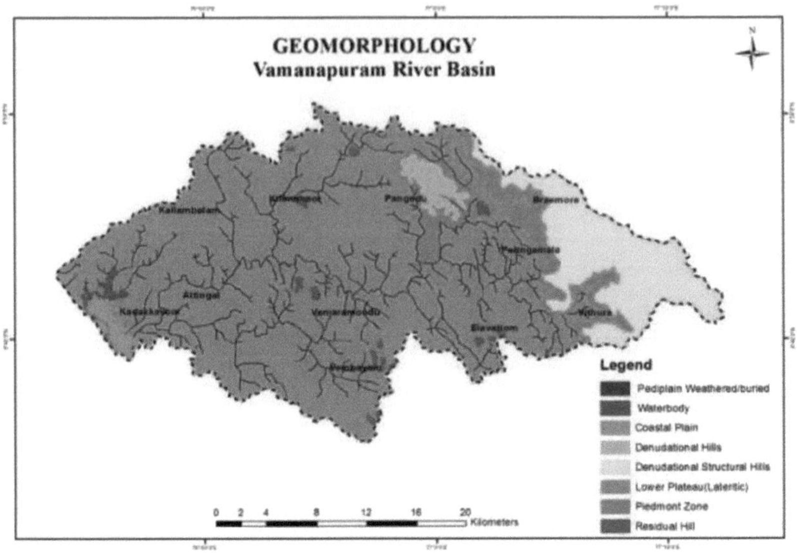

Fig. 26(k) Geomorfologia

Quadro 13 Classificação e ponderação dos diferentes parâmetros que definem as águas subterrâneas

zonas potenciais, VRB, (1-v.bom, 2-bom, 3-mod.bom, 4-ruim, 5-v.ruim)

Sl. No.	Criteria	Classes	Rank	Weights (%)
1	Slope (Degrees)	0 – 7.57	1	
		7.58 – 14.38	2	
		14.39 – 23.21	3	
		23.22 – 29.27	4	20
		29.28 – 64.35	5	
2	Flow Direction	East	5	
		Southeast, Northeast	4	
		South, Southwest, North, Northwest	3	5
		West	2	
3	Lineament Density (km/km^2)	0-0.15	5	
		0.16-0.43	4	5

		0.44 – 0.73	3	
		0.74 – 1.11	2	
		1.12 – 2.1	1	
4	Aspect	Flat	1	5
		North, Northeast, Northwest	2	
		South, Southeast, East, North	2	
		West , Southwest	3	
5	Drainage Density (km/km^2)	0 – 1.83	1	10
		1.84 – 2.69	2	
		2.7 – 3.66	3	
		3.67 – 5.9	4	
6	Groundwater storage	Least	3	10
		Moderate	2	
		Sufficient	1	
7	Geology	Khondalite group of rocks	2	5
		Basic rocks, Migmatite complex	3	
		Charnockite group of rocks	2	
		Laterite, Sand and silt	1	
		Sandstone and clay with lignite interc	1	
8	Rainfall (mm)	366.08 – 370.48	3	10
9	Landuse	Paddy, Built-up Land	1	10
		Mixed Crops	2	
		Plantations	3	
		Fallow Land	4	
		Barren Rock/Stone quarry	5	
		Forest	5	
		Water body	1	
10	Geomorphology	Pediplain Weathered/buried	1	15
		Coastal Plain	1	
		Denudational Hills	3	
		Denudational Structural Hills	5	
		Lower Plateau(Lateritic)	2	
		Piedmont Zone	3	
		Residual Hill	4	
		Water body	1	
11	Soil	Alluvium, Coastal Alluvium	1	5
		Forest Soil, Hill Soil	5	
		Laterite Soil	2	

O mapa potencial (Fig. 28) indica o estado das águas subterrâneas durante o período de verão, de março a maio. Mais de metade da área da bacia parece estar sob stress hídrico durante os meses de verão. De acordo com o mapa de potencial para os meses de verão, não existe nenhuma área com elevado potencial de água subterrânea e cerca de 434 Km^2 apresentam um potencial de água subterrânea moderado, situando-se no vale e nas terras baixas adjacentes. Cerca de 262 Km^2 situam-se numa zona de baixo potencial e 76Km^2 numa zona de potencial muito baixo.

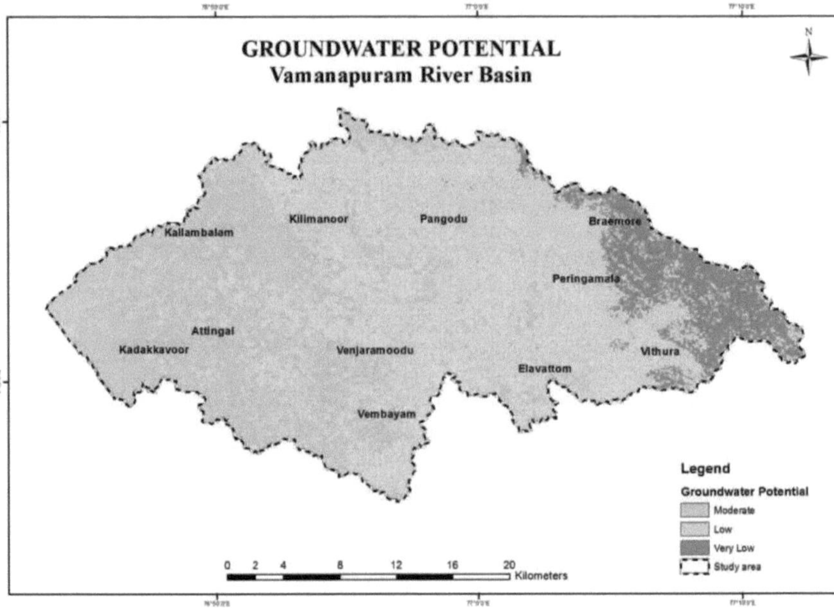

Fig. 28 Mapa do potencial de águas subterrâneas (março-maio) - integração SIG

O mapa do potencial das águas subterrâneas indica o estado geral das águas subterrâneas na bacia do rio Vamanapuram durante os meses de verão (março - maio). A zona de potencial moderado coincide com os vales e partes adjacentes, especialmente na parte ocidental, onde a área é coberta por colinas de laterite residual e vales adjacentes. Aqui, a espessura da laterite determina a sustentabilidade da coluna de água nos poços durante o período seco.

CAPÍTULO 8

QUALIDADE DA ÁGUA DA BACIA HIDROGRÁFICA DO RIO VAMANAPURAM

8.1 Estudo bacteriano

Uma estudante da Universidade de Bharathidasan, Tiruchirappalli, Índia, foi incumbida de estudar a qualidade da água de VRB para a sua tese de mestrado em tecnologia geológica e geoinformática. Para o trabalho de campo e a recolha de amostras, contou com a ajuda deste projeto e a análise foi feita no laboratório do departamento de Ciências Ambientais da Universidade de Bharathidasan. As amostras foram recolhidas durante o mês de março de 2017 no rio Vamanapuram e em poços da bacia. A localização da amostra para análise da água é mostrada na Figura 29 e os resultados são apresentados na Tabela 14 e na Figura 30.

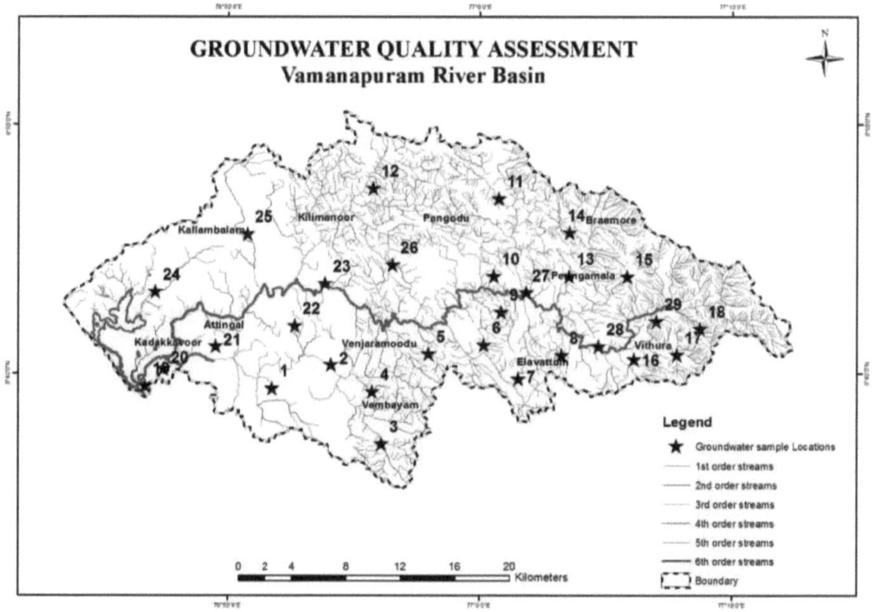

Fig. 29 Locais de amostragem para análise da qualidade, VRB

Quadro 14 Teor bacteriano nas amostras de água do VRB

Sl. No.	Samples	Bacterial Count /litre
1	R1	16333.33
2	G1	67666.66
3	G2	10333.33
4	G3	22000
5	R2	11333.33
6	G4	180333.33
7	G5	320000
8	G6	121333.33
9	G7	83666.66
10	G8	24000
11	R3	14000
12	R4	7666.66
13	G9	20333.33
14	G10	16333.33
15	G11	13000

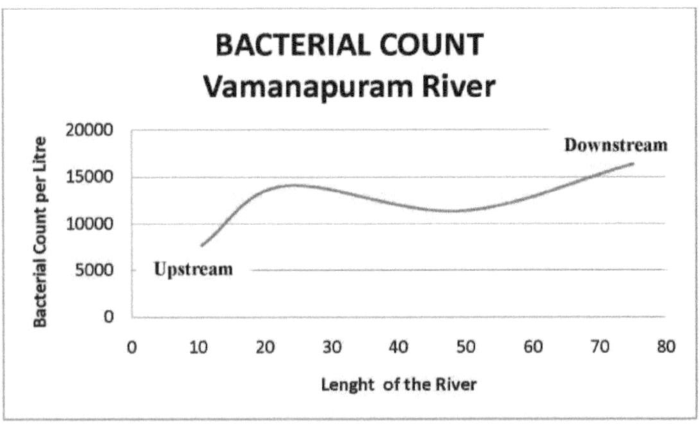

Fig. 30 Tendência da contaminação bacteriana na água do rio, VRB

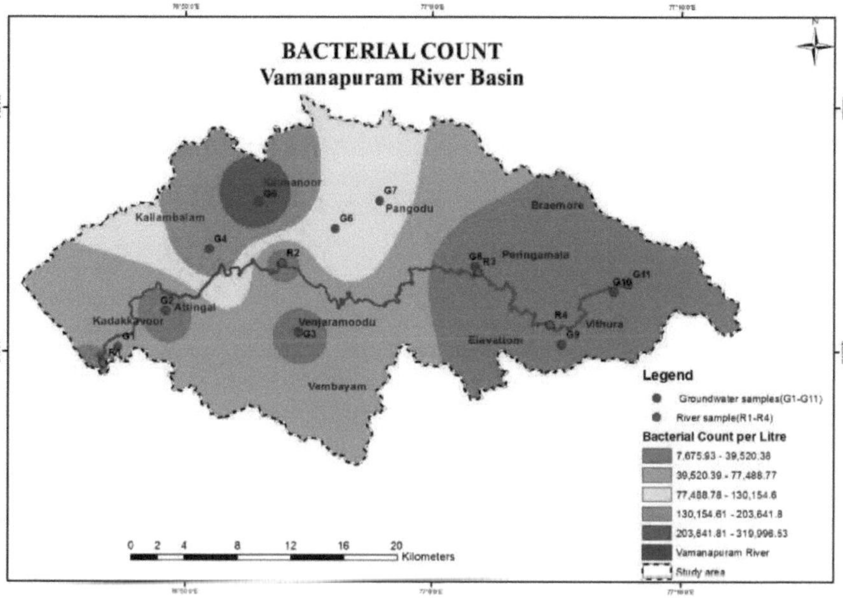

Fig. 31 Distribuição espacial da contaminação bacteriana em VRB

A Figura 31 mostra a distribuição do total de bactérias em amostras de água de poço e de rio. Pode notar-se que as amostras da parte oriental são comparativamente mais puras no que respeita à contagem de bactérias do que as da parte ocidental.

O quadro 15 apresenta a qualidade química das amostras de água de VRB, abrangendo tanto a água de poço como a água do rio. Todos os elementos presentes nas águas de VRB estão muito abaixo do limite admissível das normas relativas à água potável. Por conseguinte, pode concluir-se que a água de VRB proveniente de poços é potável do ponto de vista inorgânico, mas a contaminação orgânica parece ser surpreendentemente elevada nos poços e no rio.

Quadro 15 Parâmetros físicos e químicos, VRB

Parameters	TDS (mg/L)	Conductivity (µS/cm)	Salinity (PPT)	Ph	Mg	Na	Ca	K	SO_4	Cl	HCO_3	CO_3	TH
Acceptable range					30		75		200	250			
Sample No													
1	98	200.30	0.1	5.72	7.2	24	172	21	2	49.63	18	0	459.52
2	89	181.50	0.1	5.41	12	34	52	6	4	49.63	13	0	179.2
3	0	21.00	0	5.53	9.6	25	68	3	76	42.54	30	0	209.36
4	55	113.00	0.1	5.95	14.4	15	52	2	33	35.45	42	0	189.04
5	122	248.80	0.1	6.31	19.2	24	124	4	4	56.72	32	0	388.72
6	26	53.70	0	6.97	19.2	9	52	5	37	35.45	19	0	208.72
7	170	349.00	0.2	5.54	31.2	16	132	5	37	35.45	67	0	457.92
8	50	100.90	0.1	5.4	12	17	60	6	8	56.72	28	0	199.2
9	130	264.90	0.1	6.41	21.6	15	76	7	4	56.72	38	0	278.56
10	13	268.70	0	5.64	12	3	48	2	5	42.54	19	0	169.2
11	93	189.00	0.1	6.65	24	5	52	4	2	49.63	39	0	228.4
12	114	232.50	0.1	6.4	9.6	36	64	6	2	56.72	23	0	199.36
13	44	89.80	0	5.24	16.8	15	32	5	3	42.54	14	0	148.88
14	29	60.20	0	5.45	9.6	11	44	4	4	21.27	14	0	149.36
15	14	29.04	0	5.11	16.8	3	28	1	25	21.27	18	0	138.88
16	33	50.94	0	6.63	12	20	48	6	7	56.72	19	0	169.2
17	52	81.84	0	7.79	14.4	7	44	9	6	35.45	17	0	169.04
18	19	29.69	0	7.08	9.6	6	36	1	27	28.36	12	0	129.36
19	3.6	5.60	0	7.3	312	1110	2440	324	425	9713	47	0	7379.2
20	276	431.41	0.2	4.11	14.4	102	112	10	8	92.17	21	0	339.04
21	104	162.03	0.1	6.43	12	31	56	6	9	49.63	40	0	189.2
22	68	106.56	0.1	6.9	14.4	23	48	4	12	49.63	26	0	179.04
22(1)	230	358.59	0.2	4.3	9.6	83	48	8	2	99.26	18	0	159.36
23	32	50.50	0	8	7.2	7	44	3	29	35.45	22	0	139.52
24	111	173.28	0.1	7.42	16.8	18	64	7	8	56.72	38	0	228.88
25	176	274.53	0.1	7.9	26.4	20	80	19	6	56.72	41	0	308.24
26	81	126.09	0.1	5.61	7.2	27	44	6	16	63.81	8	0	139.52
27	27	41.56	0	7.8	7.2	7	40	3	3	35.45	17	0	129.52
28	32	49.88	0	7.4	7.2	8	48	3	15	35.45	21	0	149.52
29	20	30.56	0	7.3	9.6	6	52	1	17	49.63	16	0	169.36

CAPÍTULO 9

RESUMO E CONCLUSÃO

O objetivo do projeto é conhecer a potencialidade das águas subterrâneas dos vales de VRB. Caracterizar o padrão dos vales no terreno ondulado de rocha dura como o de Kerala em geral, bem como abordar a questão mais ampla do modo de ocorrência de águas subterrâneas em ambiente de rocha dura. Se os sinais de tectonismo podem ser extraídos das caraterísticas topográficas e, portanto, podem ser tomados como sinais positivos para a exploração de águas subterrâneas em terrenos de rocha dura. Expressões topográficas como a distribuição de declives, lineamentos de aspeto, etc., foram utilizadas para extrair as localizações adequadas para os poços.

No primeiro ano, foram realizados os seguintes procedimentos para atingir os objectivos:

1 Imagens LISS III recolhidas e interpretadas para a utilização dos solos, a geologia e a geomorfologia.

2 O SRTM (mais recente da NASA, com uma resolução de 30 m) foi utilizado para efetuar a análise da rede de drenagem. A geomorfologia quantitativa foi efectuada com SRTM e todos os parâmetros, tais como parâmetros lineares, de área e de relevo, foram quantificados.

3 O declive, o aspeto do declive, a direção do fluxo, a acumulação de fluxo, etc., foram efectuados com SRTM.

4 Dados bimestrais do inventário de poços recolhidos em poços de observação selecionados ao longo de uma linha que vai do vale à crista da colina de laterite em Anappara.

5 Além disso, foram monitorizados 61 poços em dois Panchayth.

6 Foram analisadas 10 amostras de água para os constituintes químicos.

A hidromorfometria da bacia hidrográfica foi efectuada utilizando o SRTM DEM e o toposheet. Estes parâmetros foram utilizados para a integração no SIG para delinear as zonas potenciais de águas subterrâneas da VRB.

O modo de ocorrência das águas subterrâneas em terrenos ondulados de rocha dura como o de Kerala, que faz parte do ghat ocidental, é apresentado esquematicamente no capítulo 3. Aqui As águas subterrâneas ocorrem em condições não confinadas nos espaços porosos de materiais residuais como a laterite e em materiais alóctones como o aluvião e o coluvião. Portanto, a extensão e o volume de armazenamento de água subterrânea são limitados pela extensão do manto intemperizado e pela elevação em que ocorre. Assim, são classificados diferentes tipos de aquíferos no terreno ondulado, nomeadamente, VFA, FSCA, MSTA (aquíferos sedimentares não consolidados, UNSA) e LA (rocha residual). Naturalmente, apenas um volume limitado de água pode ser armazenado nestes aquíferos, independentemente do volume de precipitação infiltrado.

Todos estes aquíferos estão mais próximos da superfície, pelo que são influenciados pelo clima. Inquestionavelmente, a precipitação é a única fonte de água subterrânea para os poços da bacia hidrográfica. Se houver uma mudança no clima - redução da precipitação devido ao fracasso das monções, o armazenamento e a disponibilidade de água durante a estação não chuvosa serão seriamente prejudicados.

Durante o período entre junho e janeiro, se a precipitação das duas monções for normal, a crise de água é mínima. Se a precipitação for insuficiente, o problema da crise da água começa em março e atinge o seu pico no mês de maio.

O orçamento da água durante março - maio foi tentado em três segmentos principais com base no ângulo de inclinação. Estima-se que nos vales ($<5^0$ declive), o armazenamento GW é estimado em aproximadamente 14 MCM e no local adjacente ($5-10^0$) é de 6 MCM, mas grande parte da bacia hidrográfica cai $> 10^0$ declive é estimado em 0,9 MCM. As pessoas que vivem neste segmento estão fortemente dependentes dos recursos dos vales e das baixas encostas.

As zonas de potencial de água subterrânea e os locais adequados para poços são determinados através da integração de diferentes camadas temáticas na plataforma GIS, verificando-se que mais de metade da área da bacia de drenagem parece estar sob stress hídrico durante os meses de verão.

As zonas de potencial de água subterrânea caem principalmente no preenchimento do vale e na porção FSC que está demarcada no mapa de potencial. Ao sobrepor os limites de Panchayath no mapa de potencial, as autoridades podem facilmente descobrir qual a porção que sofre de stress hídrico e, assim, tomar medidas de mitigação para conter a gravidade do problema

A qualidade da água do poço e da água do rio está dentro do limite de potabilidade, mas a contaminação bacteriana é maior. A contaminação bacteriana no rio Vamanapuram é inferior à de algumas das amostras de água do poço durante os meses de verão. A água a montante é comparativamente mais pura do que as amostras a jusante. Do ponto de vista químico, tanto as águas subterrâneas dos poços como as águas fluviais têm uma composição semelhante e são desprovidas de qualquer contaminação química grave. O estudo de infiltração mostra que os solos de VRB são apenas marginalmente adequados para a irrigação de superfície

Não há problemas de água durante a estação das chuvas, que vai de junho a dezembro, em Kerala. Se houver escassez de monção, o problema da escassez de água surge mais cedo na região montanhosa e mais tarde nas encostas baixas e nas planícies. Normalmente, os aglomerados populacionais centram-se nas planícies e áreas adjacentes, incluindo algumas partes das encostas, como as encostas baixas e médias. Por conseguinte, a procura de água é muito maior aqui. Por conseguinte, o esgotamento precoce do lençol freático ocorre aqui, embora o armazenamento de água subterrânea seja comparativamente elevado. Para satisfazer as necessidades de água das espécies (animais e vegetais), devem ser adoptadas medidas de conservação das águas pluviais. As cristas das colinas são, na sua maioria, zonas de stress hídrico. Aqui, as estruturas de recolha de água dos telhados devem ser obrigatórias, os tanques de armazenamento de águas superficiais, etc., devem ser construídos em áreas com escassez de água, tal como indicado no mapa de potencial de águas subterrâneas (Fig. 28).

As razões para a escassez de água nos meses de verão podem ser resumidas da seguinte forma

1 Escassez de chuvas de monção

2 Ocorrência de rocha dura (aquiclude) a pouca profundidade na maior parte da área

3 Desenvolvimento exaustivo e alteração da utilização dos solos

4 Aumento da procura de água

Fluxo rápido de águas superficiais e subterrâneas devido ao maior declive do terreno

Sugestões

Devido às caraterísticas geológicas desfavoráveis (rocha dura) e do terreno (moderadamente a altamente ondulado), as fossas pluviais (mazhakkuzhikal) não são de todo uma solução científica. Neste caso, as águas subterrâneas que se encontram em aquíferos pouco profundos fluem para baixo e juntam-se às massas de água de superfície como fluxo de base. Em vez disso, conservar e preservar a pureza imaculada dos nossos pequenos riachos e nallahs (thodukal) e a água dessas fontes pode ser prontamente utilizada para beber e outros fins. Devem ser envidados todos os esforços para captar as chuvas de verão em benefício das pessoas que vivem especialmente em altitudes mais elevadas. (por exemplo, recolha de água dos telhados, armazenamento da água de verão em grandes tanques de armazenamento, etc.).

Como medida a longo prazo, propõe-se que a ligação dos rios ao longo da zona do sopé (200-600m msl) seja considerada em algumas bacias hidrográficas selecionadas e adequadas. Este projeto maciço pode armazenar água de escoamento suficiente a um nível mais elevado e pode controlar as inundações nas planícies mais baixas. Além disso, os canais que ligam as bacias hidrográficas actuarão como fonte de recarga para um grande número de poços na parte central de Kerala.

REFERÊNCIAS

1. Burrough, P. A. (1986). Principles of geographical information systems for land resources assessment.
2. Chidambaram, S. (2013). Identificação da zona de potencial de água subterrânea usando SIG e técnicas de resistividade elétrica dentro e ao redor do reservatório de Wellington, distrito de Cuddalore, Tamilnadu, Índia. *Revista Científica Europeia, ESJ, 9*(17).
3. Free, G. R., Browning, G. M., & Musgrave, G. W. (1940). *Relative infiltration and related physical characteristics of certain soils* (Vol. 729). Departamento de Agricultura dos EUA.
4. Johnson, A. I. (1963). *A field method for measurement of infiltration (Um método de campo para medir a infiltração).* US Government Printing Office.
5. Joseph, R., & Williams, V. (1998). R., Ying Ouyang,-Estimativa da taxa de infiltração na zona vadosa. *Jornal da EPA, EUA, 2,* 1-25.
6. Hadley, R. F., &Schumm, S. A. (1961). Fontes de sedimentos e caraterísticas da bacia de drenagem na bacia superior do rio Cheyenne. *US Geological Survey WaterSupply Paper, 1531,* 198.
7. Horton, R. E. (1945). Erosional development of streams and their drainage basins; hydrophysical approach to quantitative morphology. *Geological society of America bulletin, 56*(3), 275-370.
8. Horton, R. E. (1932). Drainage-basin characteristics. *Eos, transactions american geophysical union, 13*(1), 350-361.
9. Landon, J.R. (Editor), 1991. Booker tropical soil manual. A handbook for soil survey and agricultural land evaluation in the tropics and subtropics. Longman, Londres.
10. Mahalingam, B., & Vinay, M. (2015). Identificação de zonas potenciais de água subterrânea usando GIS e técnicas de sensoriamento remoto: Um estudo de caso de Mysore taluk- Karnataka. *Revista Internacional de Geomática e Geociências, 5*(3), 393.

11. Magesh, N. S., Jitheshlal, K. V., Chandrasekar, N., &Jini, K. V. (2012). Avaliação morfométrica baseada em GIS das bacias hidrográficas de Chimmini e Mupily, partes de Western Ghats, distrito de Thrissur, Kerala, Índia. *Earth Science Informatics, 5*(2), 111-121.

12. Magesh, N. S., Chandrasekar, N., &Soundranayagam, J. P. (2012). Delineação de zonas potenciais de águas subterrâneas no distrito de Theni, Tamil Nadu, usando técnicas de sensoriamento remoto, GIS e MIF. *Geoscience Frontiers, 3*(2), 189-196.

13. Miller, V. C. (1953). Estudo geomórfico quantitativo das caraterísticas da bacia de drenagem na área de Clinch Mountain, Virgínia e Tennessee. *Relatório técnico (Universidade de Columbia. Departamento de Geologia); n.º 3.*

14. Morisawa M (1985) Geomorphology texts books: rivers, forms and process, Capítulo 5, "Structural and lithological control".

15. Musgrave, G. W., & Free, G. R. (1937). Relatório preliminar sobre a determinação de taxas de infiltração comparativas em alguns dos principais tipos de solo. *Eos, Transactions American Geophysical Union, 18*(2), 345-349.

16. Nagarajan, M., & Singh, S. (2009). Assessment of groundwater potential zones using GIS technique (Avaliação de zonas de potencial de águas subterrâneas utilizando a técnica GIS). *Journal of the Indian Society of Remote Sensing, 37*(1), 6977.

17. Nair, H. C., Padmalal, D., Joseph, A., & Vinod, P. G. (2017). Delineação de zonas potenciais de água subterrânea em bacias hidrográficas usando ferramentas geoespaciais - um exemplo do sul dos Ghats ocidentais, Kerala, Índia. *Jornal de Geovisualização e Análise Espacial, 1*(1-2), 5.

18. Olofsson, S, Jacks, G, Knutsson, G e Thunvik, R (2000) groundwater in hard rock- a literature review, in nuclear waste state of the art report , Swedish National Council for Nuclear waste (KASAM), SOU2007, vol. 35, pp115-191.

19. Pike, Richard J. "Geomorfometria-diversidade em superfícies quantitativas

análise". *Progresso em Geografia Física* 24.1 (2000): 1-20.

20. Powers, W. L. (1934). Movimento da água do solo afetado pelo ar confinado. *J. agric. Res, 49*(12), 1125-1133.

21. Rajan T.N. e Anil Kumar P.S(2005), "Geology and Mineral Resources of the States of India, Part IX - Kerala", Geological Survey of India Miscellaneous publication no. 30, May, 2005.

22. Rasemann, S., Schmidt, J., Schrott, L., &Dikau, R. (2004). Geomorfometria em terrenos de montanha. *GIS & Mountain Geomorphology. Springer, Berlim,* 101-145.

23. Richards, L. A. (1952). Report of the Subcommittee on Permeability and Infiltration, Committee on Terminology, Soil Science Society of America. *Soil Science Society of America Journal, 16*(1), 85-88.

24. Richards, L.A, (1954) Diagnosis and improvement of saline alkali soilAgriculture, v.160, Handbook 60, Washington DC: Departamento de Agricultura dos EUA.

25. Singh, P., Gupta, A., & Singh, M. (2014). Inferências hidrológicas da análise de bacias hidrográficas para a gestão de recursos hídricos usando técnicas de sensoriamento remoto e SIG. *The Egyptian Journal of Remote Sensing and Space Science, 17*(2), 111-121.

26. Strahler, A. N. (1958). Análise dimensional aplicada a formas de relevo fluvialmente erodidas. *Boletim da Sociedade Geológica da América, 69*(3), 279-300.

27. Strahler, A. N. (1964). Quantitative geomorphology of drainage basin and channel networks. *Handbook of applied hydrology.*

28. Singh, R. V., & Bhakar, S. R. (2004). Comparação de diferentes equações de infiltração em diferentes coberturas de solo. *Jornal da Sociedade Indiana de Recursos Hídricos,* 1926.

29. Sharma, D. C., Dubey, O. P., & Chhabra, S. S. (2005). Determinação da taxa de infiltração na área de comando da barragem de Chitaurgarh. *Hydrology journal, 27*(1-2),

17-24.

30. Schumm, S. A. (1963). Sinuosidade de rios aluviais nas Grandes Planícies. *Boletim da Sociedade Geológica da América, 74*(9), 1089-1100.

31. Schumm, S. A. (1956). Evolução dos sistemas de drenagem e declives em badlands em Perth Amboy, New Jersey. *Geological society of America bulletin, 67*(5), 597646.

32. Smith, K. G. (1950). Standards for grading texture of erosional topography. *American Journal of Science, 248(9),* 655-668.

33. Thornbury, W. D. (1965). Regional geomorphology of the United States. *Soil Science, 100*(2), 148.

34. Tobler, W. R. (1976). Analytical cartography. *The American Cartographer, 3*(1), 21-31.

35. Tobler, W. (2000). O desenvolvimento da cartografia analítica: Uma nota pessoal. *Cartografia e Ciência da Informação Geográfica, 27*(3), 189-194.

36. Twidale, C. R. (1981). Origens e ambientes de pedimentos. *Journal of the Geological Society of Australia, 28*(3-4), 423-434.

37. Wallace, R. E. (1977). Profiles and ages of young fault scarps, north-central Nevada. *Boletim da Sociedade Geológica da América, 88(9),* 1267-1281.

MIX
Papier aus verantwortungsvollen Quellen
Paper from responsible sources
FSC® C105338

Printed by Books on Demand GmbH, Norderstedt / Germany